A robótica para uso educacional

Dados Internacionais de Catalogação na Publicação (CIP)
(Jeane Passos de Souza - CRB 8ª/6189)

Campos, Flavio Rodrigues
    A robótica para uso educacional / Flavio Rodrigues Campos. – São Paulo: Editora Senac São Paulo, 2019.

    Bibliografia.
    ISBN 978-85-396-2894-0 (impresso/2019)
    e-ISBN 978-85-396-2895-7 (ePub/2019)
    e-ISBN 978-85-396-2896-4 (PDF/2019)

    1. Educação e Tecnologia 2. Robótica 3. Robótica educacional 4. Inteligência artificial 5. Teorias da aprendizagem : Robótica educacional 6. Robótica educacional - Currículo 7. Pensamento computacional I. Título.

19-986t
CDD - 371.33
629.892
BISAC EDU029030
TEC037000

Índice para catálogo sistemático:

1. Educação e Tecnologia 371.33
2. Robótica 629.892

A robótica para uso educacional

Flavio Rodrigues Campos

Editora Senac São Paulo – São Paulo – 2019

ADMINISTRAÇÃO REGIONAL DO SENAC NO ESTADO DE SÃO PAULO

Presidente do Conselho Regional: Abram Szajman
Diretor do Departamento Regional: Luiz Francisco de A. Salgado
Superintendente Universitário e de Desenvolvimento: Luiz Carlos Dourado

EDITORA SENAC SÃO PAULO

Conselho Editorial: Luiz Francisco de A. Salgado
Luiz Carlos Dourado
Darcio Sayad Maia
Lucila Mara Sbrana Sciotti
Luís Américo Tousi Botelho

Gerente/Publisher: Luís Américo Tousi Botelho
Coordenação Editorial: Verônica Pirani de Oliveira
Prospecção: Dolores Crisci Manzano
Administrativo: Marina P. Alves
Comercial: Aldair Novais Pereira

Edição e Preparação de Texto: Rafael Barcellos Machado
Coordenação de Revisão de Texto: Marcelo Nardeli
Revisão de Texto: Karen Daikuzono
Coordenação de Arte: Antonio Carlos De Angelis
Projeto Gráfico, Editoração Eletrônica e Capa: Thiago Planchart
Coordenação de E-books: Rodolfo Santana
Impressão e Acabamento: Gráfica CS

Proibida a reprodução sem autorização expressa.
Todos os direitos reservados à
Editora Senac São Paulo
Av. Engenheiro Eusébio Stevaux, 823 – Prédio Editora
Jurubatuba – CEP 04696-000 – São Paulo SP
Tel. (11) 2187-4450
editora@sp.senac.br
https://www.editorasenacsp.com.br

© Editora Senac São Paulo, 2019

Sumário

Nota do editor 7

Introdução 9

1. O que é robótica? 13
   » Inteligência artificial 16
   » Letramento em inteligência artificial 20

2. Robótica educacional: história e fundamentos 27
   » Seymour Papert (1928-2016) e os primeiros passos da robótica na educação: a linguagem Logo 33
   » Sistema LEGO-Logo 45
   » Conjuntos de robótica educacional 56
   » Pensamento computacional aplicado à robótica educacional 61

3. Teorias de aprendizagem no contexto da robótica educacional 65
   » Construtivismo 65
   » Vygotsky e o sociointeracionismo 74
   » Construcionismo 80
   » Papert, Piaget e suas aproximações 92
   » Construcionismo no Brasil 95
   » Construcionismo social 103
   » Construcionismo distribuído 108

4. **Currículo para robótica educacional: saberes pedagógicos e cultura escolar** 115

» Currículo: conceito e perspectivas 115

» Integração de tecnologias ao currículo 129

» Desenho de currículo para robótica educacional 138

5. **O professor e a sala de aula com robótica educacional: design de engenharia, práticas e projetos** 149

» Práticas e projetos: exemplos de atividades com robótica educacional 166

6. **Robótica educacional: desafios e perspectivas** 187

» A robótica é só um modismo? 189

Referências 195

Índice geral 207

Nota do editor

Com certa timidez, os recursos computacionais começaram a se inserir no meio escolar brasileiro na década de 1990, por meio das salas de informática, e de lá para cá muita coisa mudou nas escolas e na própria maneira como interagimos com a tecnologia. Se naquela época ainda era muito difícil encontrar computadores pessoais nas residências, e ainda estávamos há algumas décadas do lançamento dos primeiros smartphones, hoje quase metade dos domicílios brasileiros possuem computadores, e o número de smartphones ativos já supera o número de habitantes do país.

Essa ampla difusão de recursos tecnológicos fez com que as novas gerações, cada vez mais conectadas, desenvolvessem um sentimento de familiaridade quase nativo com a tecnologia. E essa familiaridade muitas vezes leva a um desejo de experimentação, de entender como funciona, de saber como adaptar os dispositivos computacionais e personalizá-los a seus próprios interesses e necessidades – interesses e necessidades que, por sinal, são apontados atualmente como os melhores motivadores para a aprendizagem.

Assim, acreditando na influência que a robótica pode exercer para um aprendizado mais relevante e duradouro, este livro procura orientar os profissionais da educação, mostrando como a prática pedagógica e a própria organização curricular podem tomar fôlego com o ímpeto tecnológico dos alunos e guiá-los em direção a uma aprendizagem de sucesso, permeada de consciência crítica, criatividade e motivação.

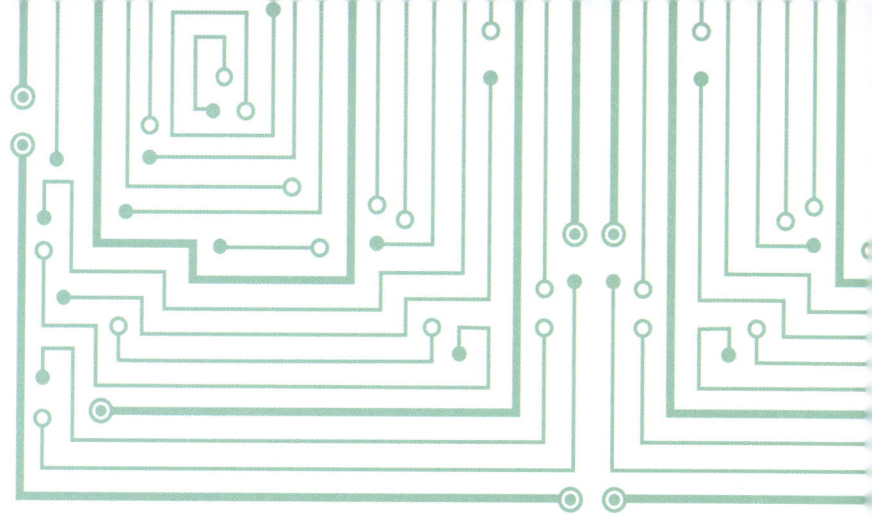

Introdução

Embora tenhamos diversas tecnologias à disposição no contexto escolar, não é possível analisá-las sob a mesma ótica, nem tampouco utilizá-las no processo de ensino-aprendizagem pautando-se pelos mesmos fundamentos. As questões pertinentes a esse tema precisam de uma profunda reflexão, que leve em consideração o eixo da mudança, afinal, "se esta exigência, saber que mudar é difícil, mas é possível, teve sempre que ver com a 'natureza' da prática educativa, as condições históricas atuais marcadas pelas inovações tecnológicas, a sublinham" (FREIRE, 2000, p. 94).

Com os avanços tecnológicos cada vez mais presentes na realidade cotidiana, os desafios igualmente se lançam ao ser humano em ritmo acelerado, quase que instantaneamente, exigindo dele consciência crítica do seu papel. Nesse processo, acreditamos na urgência de compreender o impacto das tecnologias em sua totalidade, recusando-nos a considerar, por um lado, que esses avanços são fantasmas que vieram assombrar os homens, ou, por outro lado, que as tecnologias são a solução para todos os males da sociedade.

Desde meados da década de 1990, com a difusão em escala dos primeiros conjuntos de robótica (kits prontos que permitem montar robôs e desenvolver sua programação), temos visto um acentuado aumento no uso de dispositivos eletrônicos e de inteligência artificial (IA) nas escolas e nos espaços educacionais, tanto em relação à quantidade de recursos disponibilizados, quanto em relação à organização curricular que prevê o uso desse tipo de tecnologia.

Ou seja, o avanço exponencial da tecnologia para a educação, principalmente relacionada ao uso de robôs e dispositivos eletrônicos, tem provocado mudanças nas práticas pedagógicas, na organização curricular e no desenvolvimento de materiais didáticos. Nas escolas de educação básica, a robótica tem sido integrada ao currículo de modo interdisciplinar e até mesmo como componente da grade, e alguns cursos de formação docente já a incorporam na formação inicial dos profissionais.

O interesse pela robótica vem crescendo também nas faculdades (como engenharias e mecatrônica) e na indústria, a ponto de despertar a atenção do Estado, que tem investido na educação tecnológica e a incentivado ainda mais. No entanto, ainda são poucas as instituições educacionais que incorporam, de forma significativa, os tópicos relacionados à educação tecnológica nos seus currículos.

É comum encontrar educadores interessados em explorar esse campo de possibilidades, embora muitos não tenham domínio sobre os conhecimentos teórico-práticos da robótica educacional. Ainda assim, influenciados por iniciativas de pesquisadores e projetos-piloto nas escolas, bem como pelo cinema e pela mídia, ou por simplesmente gostarem de tecnologia, professores e estudantes mobilizam-se para realizar atividades que envolvam a robótica educacional, permeadas com conceitos de engenharia, ciência e tecnologia, destacando as relações entre os saberes e as possibilidades que os estudantes têm de construir conhecimentos interdisciplinares. Desse modo, tarefas como fazer o design de dispositivos eletrônicos ou robôs, construí-los, programá-los e depurá-los surgem como atividades criativas e motivadoras da aprendizagem, que favoreçam os processos cognitivos dos sujeitos.

Assim, esta obra parte desse contexto e busca proporcionar uma visão profunda sobre a robótica educacional, abordando desde seus fundamentos e seu histórico até os aspectos e teorias educacionais a ela relacionados. Indo além, busca apresentar propostas de organização curricular e desenvolvimento de atividades, abordando as características da sala de aula com robótica, a fim de proporcionar ferramentas práticas a professores, educadores, gestores e profissionais da educação em geral.

1. O que é robótica?

Pode-se dizer que a robótica é um ramo da tecnologia que engloba mecânica, eletrônica e computação. Ela lida com sistemas compostos por máquinas e partes mecânicas automáticas, controladas manual ou automaticamente por circuitos integrados (microprocessadores), ou mesmo por computadores que tornam sistemas mecânicos motorizados (D'ABREU, 2007).

Além disso, trabalha com o desenho e a construção de dispositivos (robôs ou máquinas) capazes de desenvolver tarefas realizadas por seres humanos, ou que requerem sistemas inteligentes. A robótica agrega um conjunto de conceitos básicos de cinemática, automação, hidráulica, pneumática, informática e inteligência artificial, que estão envolvidos no funcionamento de um robô ou dispositivo (D'ABREU, 2007).

A palavra robô foi utilizada pela primeira vez por Karel Čapek na peça de teatro *Rossum's universal robots* (*robôs universais de Rossum*), escrita em 1920 e encenada em 1921, tendo sua primeira edição em inglês publicada em 1923. O termo robô vem do vocábulo checo *robota* que significa servidão, trabalho forçado, ou escravatura. Era usado especialmente para designar os chamados trabalhadores emprestados, que viveram no Império Austro-Húngaro até 1848.

Na peça de Čapek, os robôs eram humanos artificiais orgânicos que tratavam de construir mais robôs. A propósito, a peça introduziu o conceito de fabricação em série executada por robôs, conceito esse que se tornou amplamente utilizado na economia e na filosofia. Na cultura popular contemporânea, a palavra robô é quase sempre utilizada para se referir a humanoides mecânicos, e dela surgiram outros termos correlatos, como o androide (que pode se referir tanto a humanos artificiais orgânicos quanto a humanoides mecânicos), eternizado nos filmes da franquia *Blade Runner* (1982 e 2017), e o *cyborg* (um organismo cibernético ou homem biônico, uma criatura que combina partes orgânicas e mecânicas), bastante difundido na série de filmes *O exterminador do futuro* (1984, 1991, 2003, 2009 e 2015).

Deixando de lado o imaginário popular, os robôs na prática são dispositivos geralmente mecânicos, que desempenham tarefas automaticamente, seja de acordo com a supervisão humana direta, seja por meio de um programa predefinido, seja seguindo um conjunto de regras gerais por meio de inteligência artificial. Geralmente, estas tarefas substituem, assemelham ou estendem o trabalho humano, como montagem de peças, manipulação de objetos pesados, atividades demasiadamente sujas, perigosas, difíceis e repetitivas para os humanos (MARTINS, 1993). Outras aplicações incluem limpeza de resíduos tóxicos, exploração espacial, mineração, busca e resgate de pessoas e localização de minas terrestres. A manufatura continua sendo o principal meio de utilização dos robôs, em particular das máquinas articuladas, com capacidade de movimento similar ao do braço humano.

A indústria automotiva aproveitou a vantagem dessa nova tecnologia, programando os robôs para substituir o trabalho dos humanos em muitas tarefas repetitivas, assim como linhas de produção industriais, o que tem cada vez mais agilizado a produção e melhorado a qualidade dos produtos comercializados.

Além disso, o mundo dos brinquedos tem utilizado exponencialmente essa tecnologia, com produtos robotizados que possuem controles ou funcionam automaticamente. Empresas como a LEGO têm investido muito em produtos que se aproximam de protótipos profissionais, permitindo ao usuário uma experiência única de design e programação de dispositivos robóticos que atuam por meio de uma inteligência artificial.

Inteligência artificial

Surgida no fim da Segunda Guerra Mundial, a inteligência artificial é uma área de pesquisa da ciência da computação e da engenharia da computação que visa desenvolver métodos ou dispositivos computacionais que possuam ou simulem a capacidade racional de resolver problemas, pensar ou demonstrar inteligência. Como suas bases formadoras estão a filosofia, a matemática, a economia, a neurociência, a psicologia, a engenharia de computadores, a linguística e a teoria de controle e cibernética, distinguindo-se delas pela produção de comportamento inteligente.

Um dos primeiros trabalhos reconhecidos em inteligência artificial (ainda que essa denominação não fosse usada) foi realizado por Warren McCulloch e Walter Pitts, em 1943, que construíram um modelo de neurônios artificiais que conseguiam ser ligados ou desligados, dependendo da estimulação dos neurônios vizinhos.

No entanto, foi só em 1956, numa conferência de verão no Dartmouth College, que John McCarthy apresentou pela primeira vez a expressão inteligência artificial (IA), definida inicialmente como "fazer a máquina comportar-se de tal forma que seja chamada inteligente, caso fosse este o comportamento de um ser humano" (RUSSELL; NORVIG, 2013). Em 1959, a IA começou a ser trabalhada como um campo experimental por pioneiros como Allen Newell e Herbert Simon, que fundaram o primeiro laboratório de inteligência artificial na Carnegie Mellon University, enquanto McCarthy e Marvin

Minsky fundaram o laboratório de inteligência artificial do MIT (Massachusetts Institute of Technology).

Como ciência, a inteligência artificial ganhou ainda mais espaço a partir de 1987, com a adoção de métodos rigorosos para experimentações e com muitos pesquisadores avançando nos estudos.

A reflexão sobre o que é inteligência artificial pode ser separada em dois grandes questionamentos: Qual é a natureza do artificial? E o que é inteligência? A primeira questão é de resolução relativamente fácil, apontando para aquilo que o ser humano pode construir. A segunda é mais difícil, pois relaciona-se à consciência, à identidade e à mente (incluindo a mente inconsciente), e questiona quais componentes estão envolvidos no único tipo de inteligência que universalmente se aceita como estando ao alcance do nosso estudo: a inteligência do ser humano.

Hoje, tarefas que requerem certa inteligência já são executadas por alguns dispositivos, como máquinas de calcular. Entretanto, a IA não se interessa por esse tipo de inteligência, pois preocupa-se não só em aliviar o trabalho humano, mas também em desvendar a natureza da mente. Para isso, estuda máquinas que usam inteligência para realizar tarefas de uma maneira muito similar e próxima ao modo como nós, seres humanos, a utilizamos, ou seja, que imitem a atividade mental que exercemos quando estamos, por exemplo, fazendo uma operação aritmética.

Com a evolução das pesquisas, podemos destacar que hoje existem quatro grandes definições de inteligência artificial:

Quadro 1 – Definições de inteligência artificial, organizadas em quatro categorias

Sistemas que pensam como seres humanos	Sistemas que pensam racionalmente
O novo e interessante esforço para fazer os computadores pensarem [...] máquinas com mentes, no sentido total e literal. [HAUGELAND, 1985] [Automatização de] atividades que associamos ao pensamento humano, atividades como a tomada de decisões, a resolução de problemas, o aprendizado. [BELLMAN, 1978]	O estudo das faculdades mentais pelo uso de modelos computacionais. [CHARNIAK; MCDERMOTT, 1985] O estudo das computações que tornam possível perceber, raciocinar e agir. [WINSTON, 1992]

Sistemas que atuam como seres vivos	Sistemas que atuam racionalmente
A arte de criar máquinas que executam funções que exigem inteligência quando executadas por pessoas. [KURZWEIL, 1990] O estudo de como fazer computadores fazer coisas que, no momento, pessoas são melhores. [RICH; KNIGKT, 1991]	A inteligência computacional é o estudo de agentes inteligentes. [POOLE; MACKWORTH; GOEBEL, 1998] IA [...] está relacionada com comportamento inteligente em artefatos. [NILSSON, 1998]

Fonte: adaptado de Russell e Norvig (2013).

O teste clássico para aferição da inteligência em máquinas é o teste de Turing, pelo qual um operador, sozinho em uma sala, precisa descobrir se quem responde suas perguntas, introduzidas por meio do teclado de um computador, é outro ser humano ou uma máquina. A intenção do teste é descobrir se podemos atribuir à máquina a noção de inteligência, tendo sido projetado para verificar uma definição operacional satisfatória de inteligência.

No início das pesquisas em inteligência artificial, os objetivos tinham uma aproximação experimental com a psicologia, dando ênfase ao que poderia ser chamado de inteligência linguística (como exemplificado no teste de Turing). Hoje, já existem abordagens da inteligência artificial que não percorrem os caminhos da inteligência linguística, o que inclui a robótica e trabalhos pautados nos pressupostos da inteligência coletiva.

O quadro 2 mostra algumas dessas outras áreas de atuação, relacionadas à maior parte dos conteúdos e projetos desenvolvidos em inteligência artificial:

Quadro 2 – Áreas e conceitos de IA

Processamento de linguagem natural

Para permitir que o dispositivo se comunique com sucesso em um idioma natural.

Representação de conhecimento

Para armazenar o que sabe ou ouve (por meio de sensores).

Raciocínio automatizado

Para usar informações armazenadas, com a finalidade de responder a perguntas e tirar novas conclusões.

Aprendizado de máquina

Para se adaptar a novas circunstâncias e para detectar e extrapolar padrões.

Visão de computador

Para perceber objetos.

Robótica

Para manipular objetos e movimentar-se.

Fonte: adaptado de Russell e Norvig (2013).

Letramento em inteligência artificial

Quando falamos em letramento em IA e ciência da computação, estamos falando de uma série de tópicos não necessariamente sequenciais com os quais os alunos precisam se familiarizar, por meio de atividades motivadoras, interessantes e inspiradoras que usem as tecnologias em robótica e IA disponíveis nas escolas.

Figura 1 – Tópicos necessários para o letramento em inteligência artificial

Fonte: adaptado de Russell e Norvig (2013).

O conceito de *autômato* – ou seja, um dispositivo possuidor de mecanismos que permitem realizar determinados movimentos, como o cuco de um relógio de parede – forma a base para a descrição de sistemas e comportamentos que demonstram o processo de tomada de decisão de maneira ilustrativa.

Quando falamos em *agentes inteligentes*, falamos de dispositivos ou sistemas computacionais que possuam capacidade de reflexo simples (diante de uma dada condição, reagem de determinada maneira), de modelos com base em reflexo (quando um agente interno depende de um histórico de percepções) e de agentes com base em objetivos ou utilidades. São veículos adequados para demonstrar o processo de modelagem de tomada e execução de decisões, como ferramentas da internet que permitem comparar preços de um determinado produto em diferentes sites. O conceito de agentes inteligentes combina diferentes tópicos em IA que podem ser trabalhados com alunos e crianças de uma forma amigável e compreensível (usando robôs, por exemplo).

Já os conceitos ligados a *gráficos e estrutura de dados* (como pilhas, filas e árvores), assim como os fundamentos da ciência da *computação* (como controle, paradigmas, guarda de dados e a definição de um problema no contexto da IA) formam a base para qualquer tarefa em IA/ciência da computação.

A *ordenação* representa outro conceito fundamental em IA/ciência da computação, pois diz respeito a algoritmos como ordenação por flutuação, mistura, inserção, seleção, quicksort, etc., assim como a *solução de problemas por busca*, uma das principais ênfases do letramento para IA, com inúmeras áreas de aplicação, como problema de satisfação de restrições (CSP) e problema de satisfatibilidade booliana (SAT).

O *planejamento clássico* – que engloba conceitos como planejamento de espaço em estado, encadeamento progressivo e regressivo, e lógica proposicional e predicada – nos ajuda a modelar problemas, tomar decisões, estabelecer e avaliar planos, aproximando-se muito da lógica (compreender operações lógicas-padrão e realizar raciocínio lógico).

O último tópico essencial para o letramento em IA é a *aprendizagem de máquina*, um conceito interessante e motivador para os alunos e que ganha cada vez mais importância. Consideram-se aqui conhecimentos como diferentes abordagens para os agentes inteligentes (aprendizagem baseada em lógica, sistemas com base em conhecimentos, aprendizagem por reforço, etc.), assim como árvores de decisão e redes neurais.

Desses elementos, é possível propor o letramento em IA de forma análoga ao letramento da leitura e da escrita, que se inicia na educação infantil e evolui ao longo da educação básica, levando em consideração o contato dos alunos com os fundamentos da IA e da ciência da computação o mais cedo possível, além de permitir que os alunos descubram a conexão entre as aplicações da IA e seus conceitos subjacentes.

Figura 2 – Progressão do letramento em inteligência artificial

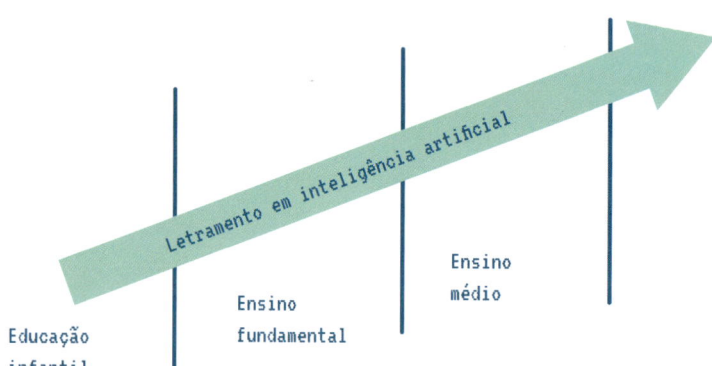

No caso da educação infantil, por exemplo, pode-se introduzir aos alunos os tópicos de IA de uma maneira lúdica por meio do estudo de conteúdos complexos, considerando questões pedagógicas e didáticas próprias da idade. Alguns exemplos são métodos de descoberta e aprendizagem por investigação, técnicas de contar histórias, princípios da robótica educacional e ciência da computação desplugada.

No ensino fundamental, a complexidade pode ser trabalhada com a robótica propriamente dita, utilizando a programação dos robôs e o desenvolvimento cognitivo inerente à lógica de programação, enquanto no ensino médio pode-se trabalhar com projetos avançados de robótica que possibilitem a resolução de desafios, utilizando os mais variados sensores.

Se remetermos esses conceitos à educação, podemos observar que os materiais de robótica utilizados nas escolas estão voltados ao campo da automação, ou seja, à programação dos dispositivos para que operem aquilo que são designados a fazer, sem demonstrarem estritamente uma forma de inteligência que se adapte e possa agir por si só. Apesar disso, o uso desses recursos tecnológicos existe como uma das áreas que sustentam a inteligência artificial e como uma forma de utilização de materiais no desenvolvimento de projetos em inteligência artificial.

Na educação, a utilização da robótica vem crescendo nos últimos anos e hoje ocupa um lugar importante em relação à utilização de tecnologias no processo de ensino e aprendizagem. Assim, o amplo caminho educacional que este ambiente de tecnologia percorre se mostra como grande desafio aos educadores e à sua integração ao currículo na educação.

2. Robótica educacional: história e fundamentos

Nos últimos anos, o interesse pela robótica educacional cresceu, e muitas tentativas têm sido feitas ao redor do mundo para introduzir o tema nas escolas, desde a educação infantil até o ensino médio, na maioria das vezes em ciências e nos saberes relacionados à tecnologia. Entretanto, o sucesso de uma inovação educacional não se dá pelo mero acesso a uma nova tecnologia, afinal, por si só, ela não pode atuar de maneira direta na mente dos estudantes e não age de maneira direta no processo de aprendizagem. Assim, uma proposta pedagógica apropriada, aliada a um currículo e a um ambiente de aprendizagem adequados são alguns dos importantes fatores que precedem qualquer inovação educacional bem-sucedida.

Em sua maioria, os projetos de robótica na educação ainda se configuram como práticas isoladas, uma vez que costumam ser compreendidos como uma matéria específica de formação técnica, que deveria ser aplicada no ensino profissionalizante de níveis médio ou superior. Além disso, a robótica ainda é vista por educadores e pela população em geral apenas como uma brincadeira sofisticada, praticada por aficionados por robôs que se encontram em campeonatos e mostras ao redor do mundo.

Atualmente, a utilização de instrumentos robóticos na educação (infantil, fundamental, média e superior) recebe o nome de robótica pedagógica ou educacional, que consiste na "utilização de aspectos/abordagens da robótica industrial em um contexto no qual as atividades de construção, automação e controle de dispositivos robóticos propiciam aplicação concreta de conceitos, em um ambiente de ensino e de aprendizagem" (D'ABREU, 2002). Na prática, significa que versões atualizadas de tecnologias robóticas, como os tijolos programáveis sobre os quais falaremos em seguida, permitem aos estudantes controlar o comportamento de um dispositivo em ambientes virtuais, proporcionando novos tipos de experimentos científicos e a investigação de fenômenos do cotidiano (RESNICK, 1996).

O universo da robótica educacional

Os termos e expressões a seguir são comuns no universo da robótica pedagógica ou educacional:

- **Objeto robótico:** conceito que tem relação direta com os kits (hardware) de robótica.

- **Espaço físico/laboratório:** relaciona-se diretamente com o ambiente de robótica nas instituições.

- **Ambiente de aprendizagem:** apesar da semelhança com o item anterior, aqui a ênfase está no processo cognitivo que o ambiente físico proporciona, englobando os espaços, as atividades e as relações que se estabelecem.

- **Projeto específico:** consiste em projetos isolados que visam ao desenvolvimento de algum tema específico.

- **Metodologia:** diz respeito à utilização desse recurso como metodologia, enfatizando a prática pedagógica.

A robótica é um recurso tecnológico que pode ser usado na educação para o desenvolvimento de projetos que visem:

- à aprendizagem de robótica propriamente dita (computação, engenharia, tecnologia);

- à aprendizagem de saberes e conteúdos (matemática, ciências, física, etc.);

- à integração das duas categorias anteriores.

A primeira categoria visa à aprendizagem de conceitos que envolvem a robótica propriamente ditos. Nesse cenário, os alunos desenvolvem projetos a fim de aprender a programar dispositivos e a construir objetos robóticos, trabalhando com conceitos básicos de engenharia, tecnologia e inteligência artificial. Nas escolas de educação básica, essa categoria aparece com mais evidência em cursos ofertados em horário oposto ao do currículo formal.

Na segunda categoria, a robótica é utilizada no desenvolvimento de projetos que evidenciam a aprendizagem de conceitos diversos, como matemática, física, artes, lógica, etc. Assim, esse recurso permite à escola criar um ambiente diferenciado, em que, por meio da criação e programação do dispositivo robótico, o aluno possa aprender conceitos de outras disciplinas. Embora a utilização da robótica nessa categoria tenha relação mais direta com as ciências exatas, os projetos desenvolvidos também integram o conhecimento das humanidades (artes, geografia, história, etc.), e podem ser interdisciplinares. Nessa modalidade, as escolas trabalham com cursos ofertados no período oposto ao de aula e com projetos específicos, como campeonatos e feiras dentro do período letivo e, em algumas instituições, com projetos curriculares, ou seja, inseridos no quadro curricular ou nas disciplinas (ciências, matemática, física, etc.), em momentos definidos pelo docente ou pela coordenação pedagógica.

A última categoria envolve a integração das duas primeiras, ou seja, os projetos englobam tanto a aprendizagem da robótica propriamente dita quanto de questões específicas e interdisciplinares. Um exemplo desse trabalho são atividades que proporcionam a aprendizagem de conceitos de ciências, engenharia, mecânica, programação, etc., enquanto constrói um dispositivo robótico.

De modo geral, poucas escolas no Brasil desenvolvem projetos que realmente integram essas duas categorias, e menos ainda são as que fazem essa integração diretamente no quadro curricular, seja por meio de disciplina específica, seja vinculada às disciplinas existentes.

Por ser um recurso tecnológico diferenciado, ao ser incorporada ao processo de aprendizagem na educação, a robótica permite criar um ambiente motivador, criativo e científico. Embora seja reconhecidamente um diferencial no processo de aprendizagem, como todas as tecnologias na educação, é preciso ter o cuidado de não utilizá-la para reforçar um modelo tradicional de ensino ou, como acontece em muitos casos, promovê-la apenas como um referencial de negócios ou de *status* da instituição perante a concorrência.

Partindo da definição de robótica como um recurso tecnológico, em que consiste esse recurso? São conjuntos compostos por motores, polias, sensores, engrenagens, eixos, blocos ou tijolos de montagem, peças de sucata (metais, plásticos, madeira, etc.) e até microcomputadores com uma interface, usados para construir dispositivos que podem ser controlados e comandados por uma linguagem de programação.

Esses dispositivos podem funcionar de maneira autônoma ou ligados ao computador, que executa tarefas preestabelecidas em uma linguagem de programação e as transmite aos objetos por meio de uma porta paralela, uma interface serial, via infravermelho, bluetooth, wireless, etc.

Normalmente, esses conjuntos de robótica se encontram disponíveis no mercado educacional de forma integrada, como kits vendidos em caixas plásticas e com divisórias para cada componente, o que facilita o trabalho em sala de aula, mas não contempla a totalidade do que esses recursos podem oferecer: a construção de um dispositivo, a programação por meio de uma linguagem e a posterior transmissão e execução da tarefa preestabelecida pelo dispositivo.

Nesse sentido, precisamos considerar que a robótica pressupõe três componentes: a utilização de conjuntos de montagem para a construção de dispositivos, o computador[1] e uma linguagem de programação que permita dar movimento ao dispositivo construído (D'ABREU, 2007; VALENTE, 1996).

Depois de destacarmos a relevância da robótica como recurso tecnológico na educação, precisamos falar sobre suas origens e delimitar os seus pressupostos: a linguagem Logo de programação.

---

1 Atualmente é possível encontrar conjuntos de robótica em que a linguagem de programação pode ser feita sem o computador, como no caso do KIBO. O dispositivo criado poderá receber os comandos por meio de uma linguagem externa ao computador, como cartões.

Seymour Papert (1928-2016) e os primeiros passos da robótica na educação: a linguagem Logo

Seymour Papert nasceu no dia 1º de março de 1928, na cidade de Pretória, África do Sul, onde viveu grande parte da sua infância e juventude. Iniciou seus estudos na University of the Witwatersrand, em Joanesburgo, África do Sul, alcançando o título de bacharel em filosofia em 1949. Chegou ao Ph.D. de matemática em 1952 na mesma universidade.

Desde o início dos anos 1950, quando os movimentos antiapartheid eclodiram na África do Sul, Papert foi um sempre presente ativista, sendo um importante líder no círculo revolucionário socialista e destacando-se pela publicação de um jornal chamado *The Social Review*, na cidade de Londres. Lá, desenvolveu outra pesquisa na University of Cambridge, completando seu segundo Ph.D. em matemática e direcionando seus estudos para o campo da inteligência artificial.

De 1958 a 1963, Papert trabalhou em Genebra com Jean Piaget, procurando usar a matemática para entender como as crianças podem aprender e pensar.

Em 1964, convidado por Marvin Minsky, também Ph.D. em matemática e um dos principais pioneiros da inteligência artificial, Papert iniciou sua participação como pesquisador associado no laboratório de inteligência artificial do MIT, ligado ao grupo de inteligência artificial criado em 1959 por Minsky e John McCarthy. Antes de ingressar no MIT, Papert trabalhou em diversos lugares, como o St. John's College, em Cambridge; o Institut Henri Poincaré e a Université de Paris, na França; a Université de Genève, na Suíça; e o National Physics Laboratory, em Londres.

No trabalho em conjunto com Marvin Minsky, os dois pesquisadores iniciaram diversos programas de pesquisa sobre teoria da computação, robótica, percepção humana e psicologia da criança.

Em 1967, assumiu a direção do laboratório de inteligência artificial, onde trabalhou no grupo de Bolt, Beranek e Newman, liderados por Wallace Feurzeig, e lá permaneceu até 1981. Juntos, todos eles criaram, em 1967, a primeira versão do Logo, uma linguagem de computador para crianças, que foi adotada em todo o mundo como recurso tecnológico na educação.

A respeito dessa linguagem, Papert (1976) destacou que o uso da palavra Logo passou por uma ambiguidade sistemática. Muitas vezes, foi utilizada para dar nome à linguagem de programação correspondente. Outras vezes, foi usada para designar a família de linguagens de programação cuja versão atual manteve a estrutura da versão de 1977/1978, muito diferente daquela desenvolvida na década de 1960. Ainda há uma terceira conceituação, que se refere à filosofia da educação que se originou da linguagem de programação. Segundo o próprio Papert, devíamos deixar o termo Logo para o programa e pensar em outro nome para a abordagem de educação que permeia seu uso.

Assim, na década de 1980, valendo-se de sua experiência, de suas pesquisas e dos estudos de autores como Piaget, Dewey, Montessori e até Paulo Freire, Papert definiu a teoria construcionista de aprendizagem.

Entre 1981 e 1983, Papert aceitou um convite do governo francês para estabelecer um centro de desenvolvimento e informática. Nessa mesma década, trabalhou com o presidente Óscar Arias, da Costa Rica, em um intensivo programa de uso de computadores no sistema público de ensino do país. Em 1985, ajudou a fundar o programa de artes e ciências da mídia, no Laboratório de Mídia do MIT.

Por tudo isso, Papert é considerado um dos autores fundamentais sobre tecnologias de informação e comunicação na educação, principalmente no que diz respeito ao uso de computadores na aprendizagem; e a linguagem Logo de programação é considerada um dos primeiros projetos que visava à utilização dessas tecnologias no processo educativo, colocando-se em contraposição à abordagem instrucionista.

Outra pessoa a trabalhar de forma pioneira em computação física para crianças foi Radia Perlman, projetista de software e engenheira de redes, algumas vezes chamada de "mãe da internet". Colega de Papert no laboratório de inteligência artificial do MIT no início dos anos 1970, ela criou o que se acredita ser o primeiro sistema de programação com objetos físicos, conhecido como TORTIS (do inglês, Tangible Programming with Trains System, adaptado para o português como Sistema de Interpretação Recursiva da Tartaruga). Com esse sistema, crianças de três anos e meio podiam mover objetos para criar um programa e operar uma máquina de slot por meio da qual podiam escrever, guardar e executar comandos (BLIKSTEIN, 2015).

Em sua fase inicial, o grupo do Logo no MIT procurou desenvolver uma superestrutura conceitual (com teorias e métodos de ensino) e uma infraestrutura material (de hardware e software) para um novo modelo de uso de computadores na educação.

Segundo Papert, por volta de 1968, o grupo do Logo viveu um momento importante de seu trabalho, pois, após identificar que o uso do computador trazia benefícios à educação, procurava em suas pesquisas melhorar esses benefícios, por meio da exploração de novas maneiras de se usar o computador.

Entretanto, naquela época, as indústrias responsáveis pela produção de computadores colocavam muitas limitações técnicas ao desenvolvimento de máquinas em larga escala, como os computadores pessoais, menores e mais ajustados às propostas do Logo.

Diante dessa perspectiva, o grupo chegou ao ponto de ter de definir seus objetivos: continuar com as pesquisas e conviver com as limitações, ou adotar uma estratégia de longo prazo, tentando antecipar um tempo futuro em que outras formas de uso dos computadores seriam uma realidade, e então explorar maneiras de utilizá-los quando estivessem acessíveis.

Assim, o projeto Logo é consequência das expectativas e da decisão que o grupo tomou, de trabalhar com projetos a longo prazo para a realização de seus objetivos. Segundo Papert (1976), isso levou ao desenvolvimento de estruturas conceituais e amostras de materiais de ensino (hardware, software, currículo e métodos) diferentes das práticas operacionais estabelecidas anteriormente em relação ao uso de computadores na educação.

Para Papert (1971a), o computador não era simplesmente um dispositivo para manipulação de símbolos ou uma mera máquina instrucional. Ele considerava que o computador deveria permitir a construção do conhecimento por meio do aprender fazendo e do pensar sobre o que se está fazendo, possibilitando, por intermédio do ato de programar o computador, a ação reflexiva do educando sobre um resultado e sobre o seu próprio pensamento.

Isso quer dizer que a linguagem Logo nasceu com uma perspectiva diferente para o uso educacional do computador. Em vez de ser um objeto no processo, o aprendiz se torna sujeito ativo, pois, ao comandar o computador tendo em mente suas intenções, ele assume a responsabilidade sobre sua própria aprendizagem.

Além disso, a proposta do uso da linguagem Logo concebia a perspectiva de que o indivíduo não precisava ser especialista em programação para utilizá-la, pois ela foi criada com o intuito de que qualquer pessoa com um mínimo de iniciação pudesse manuseá-la. Assim, mesmo crianças poderiam utilizá-la para sua aprendizagem.

Para o grupo, após alguns pequenos experimentos, ficou claro que o projeto poderia contribuir para a solução ou minimização de alguns dos problemas fundamentais na educação básica, como aqueles relacionados à construção do conhecimento por parte do aluno e à relação de cooperação entre ensino e aprendizagem (PAPERT, 1976).

Os primeiros testes em um ano acadêmico com o Logo ocorreram entre 1968 e 1969, com crianças do 7º ano da escola Muzzey Junior High School, no estado de Massachusetts, Estados Unidos. Essa primeira versão da linguagem Logo continha somente a parte de processamento de listas, sem a parte gráfica. Os alunos escreveram programas que transformavam palavras do inglês em uma língua chamada por eles de *Pig Latin*, além de jogos de estratégias e até mesmo poesia concreta (PAPERT, 1993).

Após esses primeiros passos, os pesquisadores decidiram estender o uso da ferramenta para crianças em idade pré-escolar, sendo, então, proposta a tartaruga como meio de programação. Tratava-se de um brinquedo com rodas, conectado por um cabo ao computador, que lembrava uma tartaruga e obedecia a comandos como andar e girar. Dispunha de conexões de entrada para quaisquer sensores, que poderiam ser usados de acordo com a preferência do aprendiz, dos quais o mais usado inicialmente foi, segundo Papert, um dispositivo que segurava uma caneta na ponta, permitindo que a tartaruga deixasse um traço de caneta e transcrevesse aquilo que lhe era designado pelo programa, ao se mover sobre um papel disposto no chão.

Posteriormente, ainda na década de 1970, foi também desenvolvida a primeira tartaruga gráfica, que imitava as funções da tartaruga de chão, porém era exibida em um computador digital PDP-6 conectado ao programa Logo no laboratório, rodado em computadores PDP-11.

Os primeiros trabalhos utilizando a tartaruga de chão e a tartaruga gráfica foram com alunos do 5º ano da Bridge School, em Lexington, Massachusetts, entre 1970 e 1971 (PAPERT, 1971a).

Durante a década de 1970, a linguagem Logo teve muitas alterações e reimplementações, o que levou a novas capacidades de uso de hardware e da própria linguagem. Uma dessas inovações foi o surgimento das estações-padrão de trabalho com o Logo, que permitiram, segundo Solomon (1988), que a linguagem se mantivesse estruturada mesmo com as alterações sofridas desde sua criação.

Algumas atividades experimentais também foram desenvolvidas no ano escolar de 1977/1978, com alunos do 5º ao 8º ano de uma escola na área central da cidade de Boston, estado de Massachusetts, Estados Unidos. Os resultados das pesquisas efetuadas com base nessas atividades serviram para fomentar ainda mais reflexões.

Ao longo da década de 1970, o MIT tinha três grandes projetos com o Logo em escolas: o projeto Brookline, na Lincoln School, em Massachusetts; o TI Logo, uma versão da linguagem criada pela Texas Instruments, na Lamplighter School, no Texas; e o projeto Hennigan School, em Boston.

Nos primeiros anos de aplicação dos projetos com a linguagem Logo, o sistema estava sendo testado em computadores diferentes dos que temos hoje. No entanto, com o advento de máquinas menores e disponibilizadas para a população em geral, algumas empresas como a Texas Instruments começaram a comercializar o Logo em pequena escala.

No começo dos anos 1970, os dispositivos gráficos ainda não eram muito utilizados por causa do seu valor, fazendo com que o Logo fosse conhecido pelo seu uso com as tartarugas de chão. Com a introdução das tartarugas gráficas, as crianças controlavam os movimentos da mesma maneira que faziam com as tartarugas de chão, mas agora a diferença é que o dispositivo era exibido na tela e, por isso, era muito mais rápido e fácil de manipular.

O primeiro computador para o público em geral a receber uma implementação de Logo foi o Apple II. Durante o ano de 1981, foram desenvolvidas três implementações para ele: Apple Logo, pela Logo Computer Systems; Terrapin Logo, pela Terrapin; e Krell Logo, pela Krell Software Company. As duas últimas versões são virtualmente idênticas, porque foram feitas com base no Logo desenvolvido no MIT (CHAVES, 1998).

Segundo Chaves (1998), ao mesmo tempo surgiu uma versão da linguagem, também com base no Logo do MIT, para os computadores TI 99/4 e TI 99/4A, da Texas Instruments; e quatro versões para o PC da IBM, no final da década de 1980, produzidas pela Logo Computer Systems (LCSI), pela Digital Research, pela Harvard Associates e pela Waterloo Microsystems. Entre as poucas versões que realmente evoluíram e se mantiveram na ativa por um longo período estão a da Logo Computer Systems (LCSI) e a da Harvard Associates (PC Logo).

Atualmente, existem mais de 187 projetos[2] de implementação da linguagem Logo. Alguns são específicos para a educação, enquanto outros são utilizados até para a programação e o controle de dispositivos avançados, e há outros que estão desativados.

Durante a década de 1980, com a tecnologia dos computadores favorecendo a utilização individual das máquinas, o Logo ganhou força nos espaços educativos, com a expansão das versões do Logo como linguagem e filosofia. Algumas das suas plataformas mais conhecidas na educação são o megaLogo, o micromundos, o SuperLogo, o Netlogo, entre outras.

No Logo, manipular a tartaruga como objeto gráfico é um dos pontos mais importantes para o uso do computador na educação e, principalmente, para o processo de aprendizagem, pois o aluno toma parte ativa nele na medida em que

---

[2] Para mais informações sobre esses projetos, acesse: P. Boytchec. **Logo tree project**. Disponível em: http://www.elica.net/download/papers/LogoTreeProject.pdf. Acesso em: 4 mar. 2018.

constrói o seu conhecimento por intermédio do processo de programação.

Figura 1 – Ambiente Logo da tartaruga gráfica

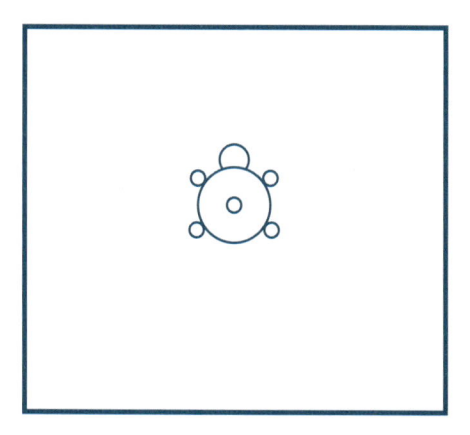

Quando ensinamos a tartaruga a fazer algo, um quadrado, por exemplo, estamos metaforicamente programando, pois o sinal deixado pelo objeto (tartaruga) enquanto anda pela tela reproduz graficamente o que o usuário determinou por meio da linguagem, usando a seguinte sintaxe:

Parafrente *50*

(O número é determinado pelo usuário).

Este comando faz com que a tartaruga ande 50 passos para a frente. Em seguida, o usuário deverá girar a tartaruga os graus necessários para se tornar o objeto gráfico que foi pensado no início da atividade. Para criar um quadrado, este comando seria:

Paradireita *90*

(O número quer dizer que a tartaruga vai virar 90 graus para a direita).

Repetindo esses dois comandos por quatro vezes, veremos que a tartaruga desenvolverá na tela a figura de um quadrado.

Figura 2 - Exemplo de execução de tarefa da tartaruga gráfica

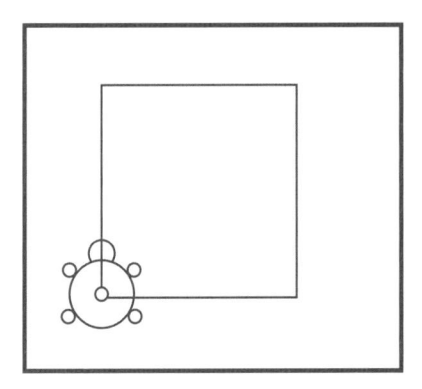

Para Papert (1993), o interessante do Logo é que o usuário pode, além de explorar a parte gráfica, criar suas próprias palavras e inseri-las na linguagem, além de manipular a lista de palavras, assim personalizando as ações da máquina.

Assim, o Logo tem como pressuposto o construtivismo e estabelece suas atividades sobre a afirmação de que o conhecimento é construído pelo educando ao manipular um objeto (a tartaruga), e não simplesmente algo a ser transmitido para o aluno. O total domínio do educando sobre as ações da tartaruga, assim como a possibilidade do feedback após a tartaruga aplicar a linguagem, propicia um ambiente de aprendizagem significativo, pois o aluno pode materializar o pensamento abstrato enquanto utiliza o computador para aprender (CAMPOS, 2005).

Papert (1993) também definia a tartaruga (Logo) como um estilo computacional de geometria. Para ele, uma das coisas mais importantes para a criança, quando experimenta pela primeira vez o ambiente Logo, era a possibilidade de desenvolver habilidades no modo como ela mesma se move no mundo.

Ao desenvolver atividades no ambiente Logo, o aluno programa a tartaruga gráfica e, durante essa tarefa, é encorajado a estudar o problema de execução, em vez de apenas esquecer os erros.

Embora o Logo tenha um aspecto importante voltado para a aprendizagem com computadores, é essencial que o aluno encontre sentido naquilo com o que está envolvido no processo de aprendizagem, ou seja, que ele realmente dê importância ao que se dispõe a fazer.

Como destaca Papert:

> A tartaruga geométrica foi especificamente projetada para ser algo que fizesse sentido para as crianças, algo que ressoasse com aquilo que elas consideram importante. Foi projetada para ajudá-las a desenvolver a estratégia matemática: a fim de aprender algo, primeiro é preciso que faça sentido.[3] (PAPERT, 1993, p. 63, tradução livre do autor)

Em razão disso, podemos dizer que esse ambiente possibilita a ruptura com um modelo que considera o processo de ensi-

---

[3] Traduzido de "Turtle geometry was specifically designed to be something children make sense of, to be something that would resonate with their sense of what is important. And it was designed to help children develop the mathetic strategy: in order to learn something, first make sense of it".

no-aprendizagem como simples estímulo-resposta, no qual o aluno se transforma apenas em um depósito de conhecimento, em que o erro apenas é tratado como algo superficial, e a criança recebe de pronto a resposta, sem a possibilidade de reflexão sobre o problema ou sobre seus equívocos conceituais ou de procedimentos.

Com o uso e a disseminação do Logo, Papert procurou dimensionar o que denominou de construcionismo. Partindo das ideias de Piaget, com quem estudou em Genebra, foi destacando uma forma diferenciada de olharmos a aprendizagem, por meio do uso dos computadores e, principalmente, com os ideais da abordagem Logo, considerando a ação do aprendiz de maneira mais atuante sobre esse processo – nas relações com o erro, na resolução de problemas e, principalmente, nas reflexões do aprendiz sobre novas maneiras de aprender a aprender.

Sistema LEGO-Logo

Em meados da década de 1980, o Logo ampliou suas possibilidades ao iniciar um projeto que voltava às origens, com a tartaruga de chão. Levando em consideração as atividades envolvendo dispositivos externos, a mundialmente conhecida empresa LEGO firmou uma parceria com o MIT e desenvolveu o sistema LEGO-Logo, o primeiro recurso de robótica na educação.

Mitchel Resnick e Steve Ocko, trabalhando no Laboratório de Mídia do MIT, desenvolveram um sistema que conectou a linguagem Logo a motores, luz e sensores, que podiam ser incorporados a dispositivos criados com peças de LEGO. Assim, foram desenvolvidos conjuntos de montagem, que foram disponibilizados ao mercado mundial.

Embora a integração do Logo à robótica não fosse uma novidade na época, a popularidade das peças LEGO fez com que esse sistema alcançasse milhares de professores e alunos.

Segundo D'Abreu:

> *LEGO-Logo* é um ambiente de robótica pedagógica que originariamente utilizava kits de montar educacionais da LEGO Dacta e a linguagem de programação Logo. O ambiente LEGO-Logo consiste em um conjunto de peças LEGO que permite a montagem de dispositivos mecânicos automatizados em um conjunto de comandos da linguagem de programação Logo. A comunicação entre o dispositivo LEGO e o computador é feita por intermédio de uma interface eletrônica. (D'ABREU, 2007, p. 181)

Essa tecnologia combinava os populares conjuntos de montagem LEGO com a linguagem de programação Logo, integrando dois tipos diferentes de atividades: as crianças construíam objetos usando os blocos tradicionais de LEGO e novas peças, como engrenagens, motores e sensores; e definiam o comportamento do objeto construído. Enquanto os conjuntos tradicionais permitiam às crianças construir mecanismos e estruturas, o sistema LEGO-Logo ampliava essa perspectiva à medida que as crianças construíam comportamentos para seus objetos conectando-os ao computador e escrevendo as tarefas a serem executadas por meio da linguagem Logo (RESNICK, 1998).

Segundo Valente (1993), este sistema nasce com as tartarugas mecânicas de Walter Grey, no que ele mesmo denominava imitação da vida. O seu trabalho mais famoso foi a construção de alguns dos primeiros robôs autônomos eletrônicos, em que ele quis provar que as ricas conexões entre um número pequeno de células cerebrais poderiam elevar-se a comportamentos muito complexos.

Seus primeiros robôs, nomeados Elmer e Elsie, foram construídos entre 1948 e 1949, sendo descritos frequentemente como tartarugas em razão de seu design e da forma de movimento lenta – e porque ensinavam sobre os segredos da organização e da vida. Os robôs-tartaruga eram capazes de fototropismo positivo (fenômeno que acontece com as plantas que se curvam para onde a luz lhes resplandece), pois podiam encontrar o caminho para uma estação de recarga quando estivessem com a bateria fraca. Em uma experiência, Walter Grey colocou uma luz no nariz de uma tartaruga e observou enquanto o robô se observava no espelho. Em 1950 e 1951, publicou textos que relatavam as experiências com aqueles dispositivos, os quais eram compostos de circuitos eletrônicos simples, dois motores, uma célula fotoelétrica e um sensor de toque.

O sistema LEGO-Logo possui um ponto muito importante, como já dito anteriormente, que o diferencia da tartaruga de chão: com as tartarugas, não tínhamos a possibilidade de transformar o dispositivo, que já estava pronto, e podíamos apenas controlar seus movimentos.

No ambiente LEGO-Logo, além de controlar o objeto mecânico, temos a oportunidade de construir o próprio objeto. Ele pode ser uma tartaruga ou qualquer outro animal, ou mesmo qualquer outro objeto que desejarmos. Além disso, no sistema LEGO-Logo, a tartaruga se configura virtualmente na tela e controla o dispositivo real (concreto) construído pelos alunos com blocos de LEGO.

Assim, quem participa dessa atividade tem não só a tarefa de programar seu objeto para que ele execute uma determinada tarefa, mas também precisa fazer seu design e construí-lo antes de poder controlá-lo.

O sistema LEGO-Logo começou a ser comercializado no final dos anos 1980, sendo vendido para as escolas com o nome de LEGO TC Logo. Foi uma grande inovação para a época, pois verdadeiramente era o primeiro kit de robótica desenvolvido para fins educacionais.

Quase ao mesmo tempo, foi desenvolvida em Portugal uma tartaruga semelhante às usadas com o LEGO TC Logo, que foram chamadas de Robot Roamer. Elas tinham em sua carapaça um teclado de funções que permitia ao usuário movimentar a tartaruga de forma parecida com a programação Logo.

O TC Logo, que era utilizado em microcomputadores IBM PC com sistema operacional Microsoft DOS 2.1, utilizava os conceitos da linguagem Logo e possuía comandos que permitiam controlar a interface LEGO modelo 70288.

Antes disso, tínhamos a versão Hot-Logo para os computadores MSX, utilizada nos primeiros projetos educacionais em universidades brasileiras no início dos anos 1990.

A interface 70288 possuía seis saídas, sendo três de inversão de sentido para motor de corrente contínua, e duas entradas para sensor de toque ou de luz. A comunicação entre o dispositivo robótico LEGO e o computador ficava por conta da interface conectada a uma placa.

Apesar de inovador, o sistema LEGO-Logo possuía uma limitação: os objetos construídos pelos alunos eram conectados diretamente ao computador, o que dificultava a construção de dispositivos autônomos e móveis, que pudessem se movimentar livremente. Os objetos tinham que permanecer constantemente conectados à interface que, por sua vez, estava conectada ao computador, limitando assim seu alcance.

Enquanto esse sistema estava sendo adotado por algumas escolas, os pesquisadores do MIT já pensavam nas mudanças e inovações dos seus sucessores. Para eles, estava claro que os novos modelos deveriam inserir partes eletrônicas nos tijolos.[4] A questão era: seria possível introduzir um computador dentro de um bloco que pudesse ser carregado por um modelo LEGO? Em 1987, foram desenvolvidos os primeiros protótipos dos chamados tijolos programáveis, que seriam utilizados em

---

[4] A expressão "tijolos" se deu pela semelhança dos blocos programáveis com tijolos e pelos blocos LEGO serem também semelhantes, apesar do tamanho.

projetos com crianças do 6º e do 8º anos. As crianças construíam projetos usando os tijolos com um dispositivo LEGO e escreviam a programação que fazia os robôs executarem diferentes tarefas, como desviar de obstáculos. Em seguida, enviavam a programação diretamente para o próprio objeto.

Nesse projeto, segundo Resnick, Berg e Eisenberg (2000), os pesquisadores prestaram atenção em como algumas crianças se relacionavam com a tecnologia. Alguns gostavam de tratar os dispositivos montados como se fossem animais de estimação, e sempre que seus robôs demonstravam um comportamento inesperado, os alunos se mostravam muito interessados. Outros estavam mais preocupados em observar a ação dos robôs para ver se eles desenvolviam de forma correta as tarefas designadas.

Durante o período de 1992 e 1996, o grupo de pesquisadores do MIT desenvolveu a segunda geração de tijolos programáveis, incluindo o tijolo cinza e o vermelho. Este último não era diferente do tijolo original do Logo e vendeu mais de cem conjuntos para escolas e centros comunitários durante sua existência.

Enquanto o tijolo vermelho era utilizado de forma extensiva, o grupo do MIT começou a se reunir para discutir as características do novo modelo de tijolo programável. Uma das coisas mais questionadas foi o seu tamanho. O vermelho tinha aproximadamente o tamanho de uma caixa pequena de suco e era muito pesado, o que era um desafio para as crianças ao construírem seus modelos.

Ao mesmo tempo, o grupo começou uma avaliação do ambiente de programação Logo que os alunos utilizavam para comandar seus robôs, pois alguns estudantes o achavam interessante, mas outros, não. A partir daí, começaram a idealizar a possibilidade de transpor as bases do Logo para tijolos gráficos que pudessem ser arrastados e soltos, permitindo assim que os alunos experimentassem na programação em tela a mesma forma de montagem dos robôs com o material LEGO. Esse programa foi chamado de Logo Blocks e serviu de ponto de partida para que o grupo LEGO pudesse comercializar os conjuntos que continham os tijolos programáveis (RESNICK, 2000).

Além dessas mudanças, também discutiu-se a quantidade de saídas e entradas que o tijolo deveria ter, bem como a implementação de uma pequena tela de LCD, que seria utilizada pelos alunos para a compreensão mais detalhada de como funcionam os sensores. O número de saídas para motores também foi colocado em questão.

O tijolo vermelho possuía quatro saídas para motores e seis entradas para sensores, e funcionava bem. O número de saídas e entradas de motores e sensores poderia ser alterado, mas o que realmente era necessário era a tela de LCD. Então, os pesquisadores começaram a fazer os ajustes necessários para sua melhoria. O interessante é que todos concordavam que o próximo tijolo deveria ser pequeno e leve, para que pudesse ser facilmente carregado nos dispositivos montados.

Foi então que surgiu o tijolo RCX (Robotic Commander Explorer), que agregava algumas funcionalidades do tijolo vermelho, incluindo saídas de motores, entradas de sensores e uma tela LCD.

Figura 3 - RCX e suas funções

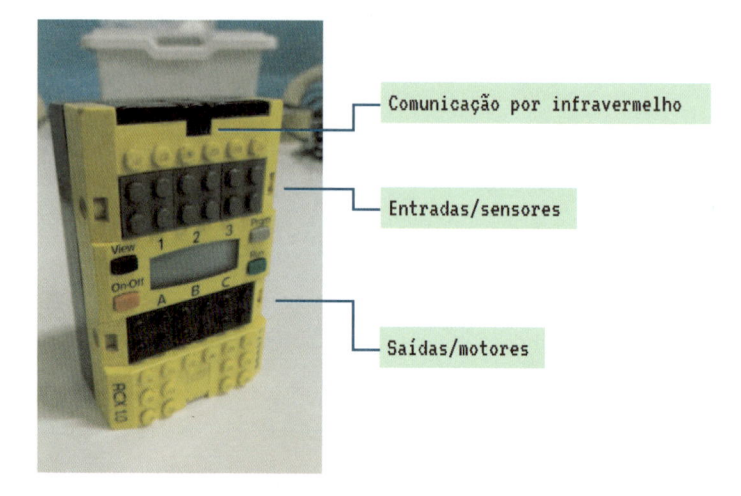

Comunicação por infravermelho

Entradas/sensores

Saídas/motores

Essas primeiras gerações de tecnologia para robótica funcionaram como base para o desenvolvimento do conjunto LEGO Mindstorms, uma linha de produtos que combinava tijolos programáveis com motores elétricos, blocos LEGO e peças LEGO Technic (que interconectam eixos, engrenagens, polias e vigas), nascida de pesquisas e ideias do grupo Lifelong Kindergarten, do Laboratório de Mídia do MIT, liderado pelo professor Mitchel Resnick.

O tijolo RCX foi apresentado como parte principal do conjunto LEGO lançado em 1998, que visava alcançar as crianças em suas casas, visto que os conjuntos anteriores foram usados apenas em escolas. Esse material começou a ser comercializado na versão brinquedo e na versão educacional. Entre 1998 e 2006, o conjunto Mindstorms permaneceu inalterado, até que o grupo LEGO decidiu inovar e, em 2006, lançou o NXT (de Next Generation), também em versão brinquedo e educacional. Esse conjunto substituiu o Mindstorms com RCX e, entre outras novidades, possui um novo tijolo programável mais avançado, com mais funções e um novo ambiente de programação.

O trabalho dos pesquisadores para desenvolver um ambiente de programação amigável e de fácil assimilação para os educadores e alunos culminou com o desenvolvimento do Robolab. Criado por Chris Rogers, pesquisador da Tufts University, o programa baseia-se na noção de arrastar e soltar ícones para escrever a linguagem que será enviada para o dispositivo montado (programação em blocos), sendo desde então utilizado no conjunto LEGO Mindstorms.

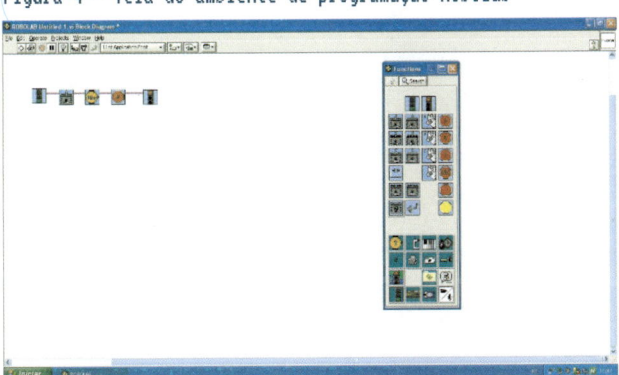

Figura 4 - Tela do ambiente de programação Robolab

Além do desenvolvimento do novo conjunto Mindstorms, um novo ambiente de programação também foi concebido: o NXT-G, com base no programa Labview (acrônimo para laboratory virtual instrument engineering workbench, ou laboratório de instrumento virtual de trabalho de engenharia), uma linguagem de programação gráfica originária da National Instruments. A primeira versão surgiu em 1986 para o Macintosh, mas atualmente possui também ambientes de desenvolvimento integrados para os sistemas operacionais Windows, Linux e Solaris.

Figura 5 - Ambiente de programação do NXT

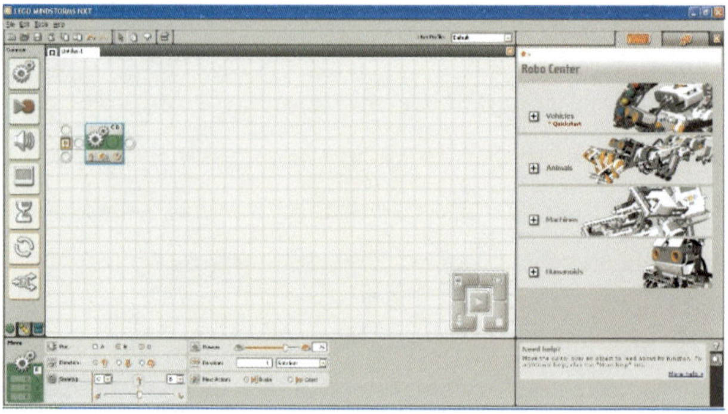

Em 2013, a LEGO lançou a 3ª geração do conjunto robótico EV3 junto com um novo ambiente de programação em Labview.

Figura 6 - Ambiente de programação do EV3

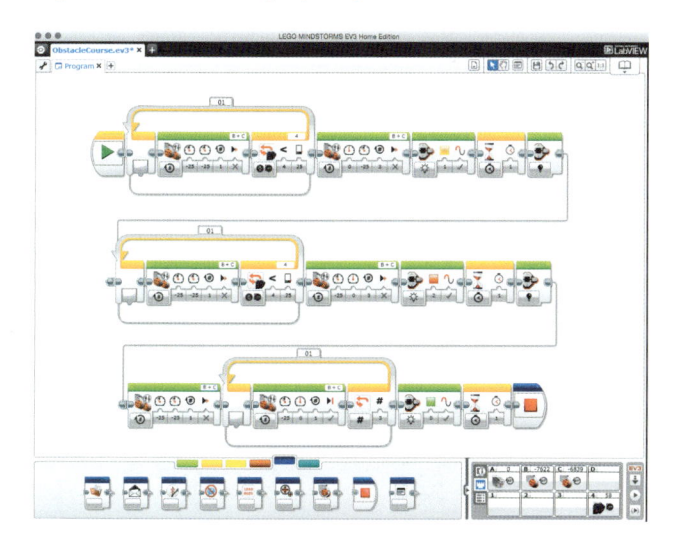

Figura 7 - Tijolo programável EV3, lançado em 2013

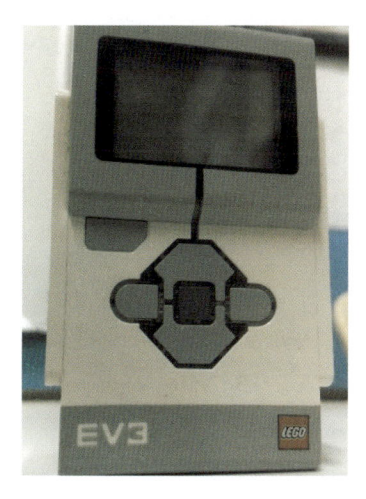

Em todo o mundo, os conjuntos LEGO para o trabalho com robótica são os mais utilizados, estando cada vez mais presente nas instituições de ensino na educação básica. Contudo, outros materiais de robótica foram surgindo ao longo dos anos e podem ser encontrados em diversas escolas.

A ênfase nos dispositivos e ambientes de programação LEGO se dá pelo fato que são os mais difundidos em diversos países, haja vista a facilidade com que os materiais da empresa se adequam às características do currículo e da relação tempo/espaço no processo de ensino-aprendizagem.

Conjuntos de robótica educacional

No mercado educacional, existe uma variedade de conjuntos de robótica para a educação básica. Entre os materiais disponíveis podemos citar:

- **Robot Roamer:** é parecido com a tartaruga de chão, possui em sua carapaça um teclado de funções com os mesmos comandos da tartaruga do Logo, que pode ser usado para programar o dispositivo para fazer tarefas. É desenvolvido pela empresa Cnotinfor, de Portugal, e está na segunda versão.

- **Fischertechnik:** um conjunto de fabricação alemã com peças muito parecidas com os blocos da LEGO. O interessante é que esse material tem características mais profissionais, o que fica perceptível quando os dispositivos são construídos. Possui interface, motores e sensores, e o programa utilizado para controlar os dispositivos é o LLWIN 3.0.

- **LEGO Robolab (Mindstorms):** o conjunto de robótica na educação mais encontrado nas escolas. Possui diversas peças LEGO com motores, sensores, lâmpadas e um bloco programável RCX/NXT/EV3, que também pode ser usado para a construção de objetos. Sua programação é feita por meio do software Robolab, que utiliza a linguagem de ícones para facilitar o aprendizado.

- **LEGO EV3:** é a versão mais atualizada da linha de produtos LEGO education, lançada em 2013.

- **Modelix:** conta com peças de metal, motores elétricos e partes diversas, que permitem a iniciação nos trabalhos de robótica.

- **Knex:** um material produzido nos Estados Unidos que permite a criação de objetos em 3D. Basicamente, é formado por eixos, conectores e motores, é utilizado no ensino de conceitos de ciência, engenharia e máquinas simples, e possui também produtos para programação.

- **Vex:** é um conjunto de peças similares da LEGO, com sensores, tijolo programável e linguagem de programação.

- **Tetrix:** é um material desenvolvido pelo grupo de robótica da Carnegie Mellon University, nos Estados Unidos, que pode ser utilizado com o conjunto LEGO Mindstorms.

- **PETE:** é um conjunto de fabricação nacional que permite a criação de dispositivos com peças diversas.

Atto educacional: um conjunto desenvolvido com peças plásticas, além de um acervo de atuadores, sensores e uma interface programável.

KIBO: um conjunto desenvolvido por pesquisadores da Tufts University para crianças de 4 a 7 anos. É um dos primeiros conjuntos que permitem que alunos dessa faixa etária programem um robô autônomo. A programação não necessita de computador, pois a linguagem está presente em blocos de madeira com códigos de barra.

GoGo Board: um dispositivo de hardware de código aberto e de baixo custo para robótica educacional. Criado por Arnan Sipitakiat e Paulo Blikstein no MIT. Projetado com base em anos de extenso trabalho de campo em países em desenvolvimento, é uma alternativa de baixo custo no mercado educacional.

Cubetto: um conjunto desenvolvido para programar um robô que se movimenta sobre uma superfície. Embora não tenha sido o propósito inicial do dispositivo, ele trabalha o pensamento computacional por meio da programação.

RoPE: um brinquedo no qual as crianças podem programar uma sequência de ações que será reproduzida pelo robô. Com apenas cinco botões, o RoPE possibilita o engajamento de crianças da educação infantil e séries iniciais do ensino fundamental (de 3 a 8 anos). Desenvolvido no Laboratório de Inovação Tecnológica na Educação (Lite) da Univali, em Santa Catarina.

- **Bee-Bot:** um robô que pode ser programado para desenvolver atividades de orientação espacial (frente, atrás, direita e esquerda), com setas indicativas e avisos sonoros para cada ação introduzida. Tem o formato de uma abelha amarela, com olhos que se iluminam quando é introduzida uma ação, quando é concluído um percurso ou quando sua bateria é carregada. A Bee-Bot sempre percorre uma distância de 15 cm, uma predefinição que não pode ser alterada.

- **Blue-Bot:** uma versão atualizada do Bee-Bot. Também percorre 15 cm de distância, predefinição que também não pode ser alterada. Tal como o robô Bee-Bot, o Blue-Bot pode ser programado para desenvolver atividades de orientação espacial e inclui os mesmos avisos sonoros com a introdução de cada ação.

- **Batráquio:** um protótipo em desenvolvimento, criado por alunos do ensino profissional do Agrupamento de Escolas de Mira, em Portugal. A primeira versão integra os componentes necessários para o desenvolvimento de atividades de orientação espacial (frente, direita e esquerda). Este robô é programável por crianças a partir de 3 anos, sem a necessidade de um computador ou dispositivo móvel, utilizando apenas quatro botões de comando. Transporta, também, uma caneta para registar os seus movimentos e pode ser personalizado com roupas ou fantasias.

Robot Mouse: integra placas de plástico que se encaixam e possibilitam a construção de labirintos para o robô percorrer. Além das placas, inclui acessórios como paredes, um queijo com ímã e cartões de ações para a construção de algoritmos. Permite desenvolver atividades de orientação espacial (frente, atrás, direita e esquerda) com velocidades diferentes.

Além desses materiais, existem escolas que possuem parcerias com empresas ligadas ao ramo da tecnologia educacional e que utilizam materiais alternativos, como sucata e placas de prototipagem genéricas – como é o caso do arduino, uma placa de prototipagem eletrônica de código aberto –, para desenvolverem seus trabalhos com robótica, bem como várias linguagens de programação para controle dos dispositivos.

Existe também a escalada do movimento Maker (que prega a aprendizagem por meio de atividades mão na massa e que está relacionado com a utilização de diversos tipos de materiais) e da fabricação digital (produção de objetos físicos com base em modelos digitais, associada à utilização de impressoras 3D, cortadoras a laser, etc.) como elementos no desenvolvimento de novos recursos e integração com os conjuntos já existentes no mercado educacional.

Pensamento computacional aplicado à robótica educacional

Conforme destacamos anteriormente, desde que a linguagem Logo foi desenvolvida nos anos 1960, Papert já enfatizava a relevância da programação de computadores para a construção de conhecimento, tomando como base seus estudos com Jean Piaget.

Em seus memorandos do final da década de 1960 e início da década de 1970, Papert apresentou reflexões sobre a concretização de conceitos em diferentes áreas do conhecimento com o uso do computador. Para ele, isso é possível porque proporciona à criança a capacidade "de articular o trabalho de sua própria mente e, particularmente, a interação entre ela e a realidade no decurso da aprendizagem e do pensamento" (PAPERT, 1971b, p. 3).

Para Valente et al. (2017, p. 9), Papert

> considera a resolução de problemas com o auxílio do computador como uma forma alternativa de pensar; uma abordagem distinta, mas não superior de pensamento (TURKLE; PAPERT, 1990), condicionando o seu aprendizado à possibilidade de o aprendiz alternar entre, pelo menos, dois modelos de pensamento (um mecânico e outro não mecânico).

A expressão pensamento computacional (computational thinking) surgiu no texto de Jeannette Wing de 2006, em que ela destaca que o "pensamento computacional se baseia no poder e nos limites de processos de computação, quer eles sejam executados por um ser humano ou por uma máquina" (WING, 2006, p. 33). Envolve, nesse sentido, a resolução de problemas e concepções de sistemas que se baseiam em conceitos da ciência da computação.

Dessa perspectiva, o pensamento computacional pode contribuir como um instrumento para transformar a maneira com que profissionais de diversas áreas resolvem seus problemas. A autora apresenta um panorama futuro em que o pensamento computacional será parte integrante de um conjunto de habilidades necessárias a todas as pessoas.

Um documento construído pela National Science Foundation (NSF), pela International Society for Technology in Education (ISTE) e pela Computer Science Teachers Association (CTSA), todas instituições dos Estados Unidos, apresenta uma descrição prática e operacional da definição de pensamento computacional, entendido como a capacidade de:

- formular problemas de maneira que permita o uso do computador e outras ferramentas para que sejam resolvidos;

- organizar e analisar dados de maneira lógica;

- representar dados por intermédio de abstrações, como modelos e simulações;

- automatizar soluções por meio do pensamento algorítmico (sequencial);

- identificar, analisar e implementar soluções possíveis com o objetivo de atingir a combinação mais eficiente e eficaz de passos e recursos; e

- generalizar e transferir esse processo de resolução para uma variedade de problemas.

Em Brackmann, encontramos o seguinte detalhamento das dimensões do pensamento computacional:

> O pensamento computacional envolve identificar um problema complexo e quebrá-lo em pedaços menores e mais fáceis de gerenciar (decomposição). Cada um desses problemas menores pode ser analisado individualmente com maior profundidade, identificando problemas parecidos que já foram solucionados anteriormente (reconhecimento de padrões), focando apenas nos detalhes que são importantes, enquanto informações irrelevantes são ignoradas (abstração). Por último, passos ou regras simples podem ser criados para resolver cada um dos subproblemas encontrados (algoritmos). Seguindo os passos ou regras utilizadas para criar um código, é possível também ser compreendido por sistemas computacionais e, consequentemente, utilizado na resolução de problemas complexos eficientemente, independentemente da carreira profissional que o estudante deseja seguir. (BRACKMANN, 2017, p. 33)

A Base Nacional Comum Curricular, documento norteador do currículo da educação básica para a realidade brasileira, apresenta em sua versão final o pensamento computacional na área da matemática, relacionando-o aos algoritmos.

Em termos práticos, o pensamento computacional pode ser trabalhado em diversos contextos, segundo Valente (2016), como em atividades diárias, gamificação, jogos, jornalismo, engenharia, ciências, etc. Temos também atividades como a programação, a robótica, a produção de narrativas digitais, a criação de games, o uso de simulações e até mesmo as que não utilizam tecnologias (a chamada ciência da computação desplugada).

No caso da educação básica no Brasil, algumas práticas curriculares e em programas de contraturno estão em evidência nos últimos anos, como o ensino de programação, de computação com robótica e de programação como atividade transversal ao currículo.

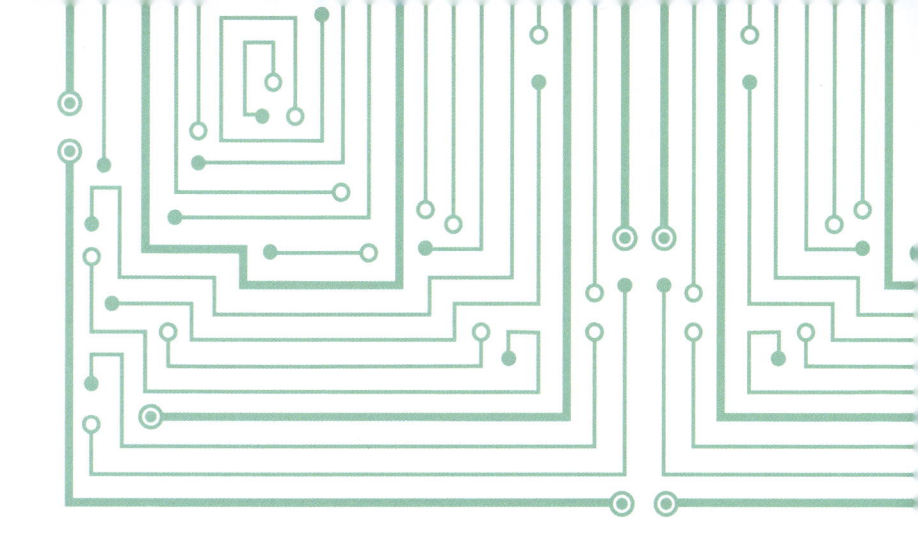

3. Teorias de aprendizagem no contexto da robótica educacional

Construtivismo

O autor da teoria construtivista, que fundamenta o trabalho com robótica, foi Jean Piaget, um dos primeiros estudiosos a pesquisar cientificamente como o conhecimento é formado na mente do ser humano, tendo iniciado seus estudos com a observação de bebês em seu processo emancipatório.

Jean Piaget nasceu na cidade de Neuchâtel, na Suíça, em 9 de agosto de 1896, e morreu em 17 de setembro de 1980.

Especializou-se em psicologia evolutiva e no estudo de epistemologia genética.

Piaget estudou as ações de recém-nascidos, desde o estado de não reconhecimento de sua individualidade em relação ao mundo que o cerca, até a adolescência, quando o indivíduo começa a realizar operações de raciocínio mais elaboradas.

Com suas observações, posteriormente sistematizadas em uma metodologia de análise, denominada método clínico, Piaget estabeleceu as bases de sua teoria, denominada epistemologia genética. Essa fundamentação está estruturada em um de seus livros mais famosos, *O nascimento da inteligência na criança*, no qual ele escreve que "as relações entre o sujeito e o seu meio consistem numa interação radical, de modo tal que a consciência não começa pelo conhecimento dos objetos nem pela atividade do sujeito, mas por um estado diferenciado" (PIAGET, 1987, p. 78).

O conhecimento, para Piaget, não era inerente ao próprio sujeito, nem era sistematizado com base na simples observação do meio que o cercava. De acordo com suas perspectivas, o conhecimento, em qualquer nível, nasce por meio da interação direta do sujeito com o meio, com base nas estruturas previamente existentes. Assim, a construção de conhecimentos depende tanto de certas estruturas cognitivas inerentes ao sujeito, como de sua relação com objetos da realidade, não priorizando nem prescindindo de nenhuma das partes.

A relação entre o sujeito e o objeto se dá por meio de um processo que se desdobra, por ele denominado de adaptação, o qual é subdividido em dois: assimilação e acomodação. A assimilação é o processo em que o indivíduo internaliza o objeto, interpretando-o de forma que o estruture nos seus esquemas cognitivos. A acomodação é ação em que o sujeito transforma suas estruturas cognitivas para melhor compreender o objeto em questão. Dessas sucessivas e permanentes relações entre assimilação e acomodação (não necessariamente nessa ordem), o indivíduo vai se adaptando ao meio externo por intermédio de um processo contínuo.

Por ser um processo permanente e estar sempre em desenvolvimento, essa teoria foi denominada de construtivismo, dando a ideia de que novos níveis de conhecimento estão sendo indefinidamente construídos por meio das interações entre o sujeito e o meio.

Segundo Piaget (1987), é pela assimilação e acomodação que a criança vai construindo e elevando seus patamares de conhecimento. Para tanto, a assimilação é um processo em que a criança integra um novo dado perceptual aos seus esquemas cognitivos prévios. Assim, pela assimilação, ela tenta adaptar as novas experiências às estruturas cognitivas existentes.

Por exemplo, imaginemos que a criança esteja aprendendo a identificar os animais e que o único que lhe é familiar seja o cachorro. Podemos dizer que ela possui, em sua estrutura cognitiva, um esquema de cachorro.

Assim, quando essa criança é apresentada a outro animal semelhante ao cachorro, por exemplo, um gato, ela o identificará como um cachorro. Podemos observar que neste caso houve um processo de assimilação, ou seja, a semelhança entre o gato e o cachorro fez com que a criança entendesse o gato como sendo um cachorro em razão da proximidade das informações e da pequena variedade de esquemas acumulados pela criança até o momento.

A diferença entre os dois animais se dará por um processo denominado acomodação. À medida que a criança é, por exemplo, corrigida por alguém em relação aos nomes dos animais, ela constatará que não possui aquele esquema cognitivo. Então, ela acomoda a nova informação e constrói um novo esquema em sua mente.

Portanto, a acomodação aparece no momento em que a criança não consegue assimilar a nova informação, pois não possui uma estrutura cognitiva para tal, em função de suas particularidades. Assim, ela cria um novo esquema ou modifica um esquema existente, o que resulta em uma mudança na estrutura cognitiva.

O objetivo de Piaget, ao construir suas ponderações, era sistematizar uma fundamentação teórica, baseada em uma investigação científica, sobre a forma como se constrói o conhecimento no ser humano. Aí reside a relevância de seus trabalhos: apresentar a primeira explicação científica sobre a maneira como a pessoa passa de um ser que não se consegue distinguir cognitivamente do mundo ao redor, até conseguir realizar equações complexas que o permitem viajar a outros planetas.

Os conceitos discutidos por Piaget propiciam avanços na compreensão de muitos campos de pesquisa, incluindo a pedagogia, mas é fundamental entender que este não era seu objetivo. Não se trata aqui de pensar a epistemologia genética como metodologia de ensino. Podemos considerá-la como a pedra fundamental para a melhoria das práticas pedagógicas, mas reduzir o construtivismo a esse recorte é desconsiderar seu alcance, pois suas possibilidades abrem um leque de relações entre outros conceitos, como muito bem pontuou Becker (2003, p. 56): "Construtivismo, segundo pensamos, é esta forma de conceber o conhecimento: sua gênese e seu desenvolvimento. É, por consequência, um novo modo de ver o universo, a vida e o mundo das relações sociais".

O conhecimento é, sem dúvida, o foco de trabalho do educador, mas o domínio desse conceito muitas vezes faz com que a sala de aula se torne um ambiente de transmissão de informação, e não de construção de conhecimento. Segundo Piaget (1987), o conceito de interação explica a gênese do conhecimento, que em seus estudos não surge por acaso no sujeito, nem tampouco no objeto, mas, sim, na relação entre os dois, que se estabelece mediante ação direta do sujeito sobre a realidade.

O termo construção, usado para designar a forma de interagir com o conhecimento, pode ser definido como a ação do sujeito nas dimensões histórica (tempo) e social (espaço).

Enquanto o sujeito age em seu meio, ele também reconhece de que forma essa prática acontece. O conhecimento prático de algo é fundamental para a constituição do conhecimento, mas não é o único ingrediente. O aluno precisa experimentar algo e entender como ele fez determinada ação. Mas isso não pode acontecer de forma alienada aos seus interesses, pois sem a fala (interação) e a participação ativa do próprio aprendiz, não obtemos um avanço em termos de conhecimento (PIAGET, 1978).

Portanto, o simples fato de, num ambiente de sala de aula, acontecerem momentos de transmissão de conhecimento, em que o aluno é somente passivo ao comando do educador, que lhe pede que faça determinadas tarefas, não significa que ele adquiriu novos níveis de conhecimento.

O construtivismo assume que a construção do conhecimento é uma reestruturação de conhecimentos anteriores, muito mais que a substituição de um conhecimento por outro. É uma reorganização do que já foi estruturado para um novo nível. Significa dizer que não se trata apenas de reproduzir respostas prontas, mas, sim, de desenvolver novas soluções, com base em suas próprias estruturas internas do sujeito.

O quadro 1 exemplifica os elementos da ação envolvidos no processo de construção do conhecimento no construtivismo, segundo Pozo:

Quadro 1 – Elementos do construtivismo

Unidade de análise	Estruturas
Sujeito	Ativo/dinâmico
Origem da mudança	Interna
Natureza da mudança	Qualitativa
Aprendizagem por	Reestruturação

Fonte: adaptado de Pozo (2002), p. 45.

O quadro apresenta a relação entre as unidades de análise e as estruturas correspondentes no construtivismo. Por exemplo, o sujeito é ativo no processo de aprendizagem, enquanto a origem da mudança é interna, e assim por diante.

A prática do aluno em relação às atividades de sala de aula não implica o manuseio do conhecimento, tampouco o entendimento do processo. Sua mera presença não sustenta o desenvolvimento do conhecimento, pois somente quando se tem a prática e a reflexão sobre ela é que o aprendiz pode subir para patamares mais elevados de conhecimento.

O construtivismo se fundamenta na questão de que a criança só aprende quando faz alguma coisa, e não simplesmente porque alguém lhe transmite uma informação. Ela também deve ter abertura para fazer suas próprias inferências, descobrimentos e conclusões. O construtivismo também enfatiza que aprender não é uma questão de tudo ou nada, pois os estudantes aprendem novas informações por meio da construção de novos conhecimentos, com base naquilo que já possuem.

Piaget também destaca que, consequentemente, os professores precisam avaliar o que seus alunos aprenderam, para ter certeza de que a percepção sobre o novo conhecimento apreendido foi, em alguma medida, conforme o planejado por eles, além de intervir a fim de desestabilizar o processo, para que o aluno possa construir e reconstruir seu conhecimento na interação com o objeto.

O papel do professor no construtivismo não é somente observar e avaliar, mas também se engajar com as crianças enquanto elas desenvolvem suas atividades, colocando desafios para a promoção do raciocínio. Ele deve intervir quando houver conflitos cognitivos, mas sua intervenção apenas deve facilitar a resolução e a autorregulação por parte dos educandos.

É nesse sentido que a interação com o meio, ou seja, as condições sociais, é mais explorada por Vygotsky no sociointeracionismo. Contudo, a relação entre as duas teorias é de aproximação, na medida em que consideramos a integração entre os aspectos cognitivos e sócio-históricos no processo de aprendizagem.

Entretanto, essa convergência entre as perspectivas sobre o desenvolvimento cognitivo em Piaget e Vygotsky só pode ser concebida, segundo Castorina (2005), se buscarmos a natureza dos problemas pesquisados por cada um dos autores.

Aqui não faremos uma análise profunda da compatibilidade ou não das teorias desses autores, mas é preciso salientar a significativa contribuição que os dois deram à compreensão do papel da escola e da educação no desenvolvimento cognitivo do ser humano.

Nesse sentido, e com base nos estudos de Castorina (2005), quando apresentamos as perspectivas de Piaget, estamos assumindo que a equilibração explica o modo pelo qual o sujeito e o objeto de conhecimento são constituídos, e como a formação dos conhecimentos pode ser relacionada à internalização dos instrumentos culturais. Precisamos, então, articular as particularidades das explicações, e não apenas completá-las.

Para ambos os autores, as relações interpessoais e intrapessoais são relevantes. Necessariamente, precisamos identificar a natureza dos questionamentos de cada autor, tendo como base a perspectiva de compatibilidade. Assim, em Piaget encontramos a busca pela resposta à seguinte pergunta: o que é que a lógica formaliza? Ou seja, é preciso entender se a inferência vem dos dados da experiência ou de estruturas prévias inerentes aos sujeitos (CASTORINA, 2005).

No caso de Vygotsky, a questão não é descrita em relação à lógica, mas busca saber se o pensamento antecede os objetos de modo direto, ou se é necessária a própria mediação de sistemas simbólicos.

Pensar a perspectiva do construtivismo em ambientes de aprendizagem que utilizam a robótica como recurso tecnológico é destacar um espaço para a autonomia, tanto na construção do conhecimento por parte dos alunos, quanto na relação direta do educando com os objetos de conhecimento.

Contudo, ressaltamos também a necessidade de incluir a perspectiva de Vygotsky, de que a cultura fornece aos indivíduos os sistemas simbólicos de representação e suas significações, que se tornam organizadores do pensamento, ou seja, "instrumentos aptos para representar a realidade" (CASTORINA, 2005, p. 33). Portanto, apresentaremos a seguir as contribuições de Vygotsky em relação à aprendizagem, procurando estabelecer essa relação de compatibilidade entre os estudos.

Vygotsky e o sociointeracionismo

Não é de hoje que a educação confere elevada importância às ações externas, como uma necessidade para o desenvolvimento da mente e do raciocínio humano. Vygotsky já pesquisava o papel do ambiente cultural como uma fonte para o desenvolvimento dos potenciais cognitivos.

Por origem e por natureza, o ser humano não pode existir nem experimentar o desenvolvimento próprio de sua espécie como se fosse uma ilha isolada: é preciso necessariamente encontrar seu prolongamento nos demais.

Para o desenvolvimento da criança, principalmente na primeira infância, as interações assimétricas têm importância primordial, isto é, as interações com os adultos portadores das mensagens da cultura.

Nesse tipo de interação, o papel essencial é feito pelos signos, os diferentes sistemas semióticos que, do ponto de vista genético, têm primeiro a função de comunicação social e, logo, uma função individual: começam a ser utilizados como instrumentos de organização e de controle do comportamento individual. Este é precisamente o elemento fundamental da concepção que Vygotsky tem da interação social.

Isso significa simplesmente que algumas das categorias de funções mentais superiores (atenção voluntária, memória lógica, pensamento verbal e conceitual, emoções complexas, etc.) não poderiam surgir e constituir-se no processo do desenvolvimento sem a contribuição construtora das interações sociais.

É nesse sentido que Vygotsky destaca o ser humano em uma perspectiva que integra o biológico e o social, inserido em um processo histórico. Partindo dos estudos de Piaget, Vygotsky enfatiza que o desenvolvimento humano se pauta pelas interações sociais e suas relações com os processos mentais destacados por Piaget, conforme diz Almeida:

> A teoria de Vygotsky tem como perspectiva o homem como um sujeito total enquanto mente e corpo, organismo biológico e social, integrado em um processo histórico. A partir de pressupostos da epistemologia genética, sua concepção de desenvolvimento é concebida em função das interações sociais e respectivas relações com os processos mentais superiores, as quais envolvem mecanismos de mediação. As relações homem-mundo não ocorrem diretamente, sendo mediadas por instrumentos ou signos fornecidos pela cultura. (ALMEIDA, 1996, p. 41)

Uma das articulações fundamentais da teoria de Vygotsky é a questão da origem social das funções mentais superiores. O autor destaca que o processo de internalização, que acontece quando o indivíduo internaliza as informações que são culturalmente estruturadas em um processo de transformação (Almeida, 1996), se dá por meio da transformação do aspecto social e da cultura (interpsicológico) para o intrapsicológico, ou seja, ao interiorizar aspectos psicológicos apreendidos pela cultura, o indivíduo as reconstrói incorporando-as em suas estruturas (ALMEIDA, 1996).

A aproximação dos estudos de Vygotsky com Piaget se dá em relação a esse processo de internalização, na medida em que Piaget "considerou a interação com a realidade física como a internalização de esquemas que representam as regularidades das ações físicas individuais que são generalizadas, abstraídas e internalizadas" (ALMEIDA, 1996, p. 43).

Por assim dizer, Vygotsky credita papel fundamental aos sistemas culturais e simbólicos externos, sobre os quais os homens têm domínio, em vez de serem subjugados por eles (DANIELS, 2003).

Para Vygotsky, o homem é um ser ativo em seu processo de desenvolvimento, sendo o contexto um importante aspecto desse processo. Assim, o autor destaca que as ferramentas psicológicas (linguagem, sistemas de símbolos algébricos, sistemas de contagem, obras de arte, etc.) são dispositivos de dominação de processos mentais (DANIELS, 2003).

Com efeito, o desenvolvimento se dá de acordo com o contexto e as ferramentas ao alcance do ser humano, as quais contribuem para o direcionamento da mente e do comportamento de si mesmo ou de outra pessoa.

Vygotsky argumenta que as ferramentas e os signos são os meios que auxiliam as interações entre sujeito e objeto. Nesse sentido, o sujeito permanece com papel principal na ação, e o objeto é o que impulsiona sua atividade. Assim, as ferramentas e os símbolos constituem aspectos de um mesmo ato, sendo as ferramentas responsáveis pela mudança de um processo de adaptação natural, e os símbolos (psicológicos) responsáveis pela estrutura das funções mentais (DANIELS, 2003).

Ainda sobre esse aspecto, Vygotsky destaca que a forma com que as ferramentas e os signos são dispostos pode variar de acordo com o contexto e o desenvolvimento da criança. Com isso a linguagem, por exemplo, pode exercer papel direto no desenvolvimento infantil, na medida em que se estabelecem relações como rotular e planejar, fazendo com que a criança separe um objeto particular, distinguindo-o de outros.

Portanto, o desenvolvimento do ser humano é pensado como um processo no qual estão presentes a maturação do organismo, o contato com a cultura e as relações sociais que permitem a aprendizagem. Com isso, é possível dizer que o desenvolvimento e a aprendizagem fazem parte de uma relação direta.

Por um lado, existe um desenvolvimento atual da criança, como pode ser constatado por meio de avaliações (padronizadas ou não), entrevistas, observações, etc. Por outro, existe um desenvolvimento potencial, que pode ser medido com base no que a criança é capaz de realizar com o auxílio de um adulto em um determinado momento, mas que realizará sozinha mais tarde. Assim, a aprendizagem se torna um fator de desenvolvimento.

Desse modo, ao considerarmos que a criança se desenvolve dentro dos limites entre o desenvolvimento já alcançado e suas condições intelectuais, Vygotsky enfatiza que a aprendizagem se dá em um espaço chamado de zona de desenvolvimento proximal (ZDP).

A ZDP descrita por Vygotsky estabelece que o aprendiz detém um espaço, localizado entre a resolução de um determinado problema que ele pode alcançar sozinho e aquilo que pode alcançar com a ajuda de outra pessoa.

Isso significa que um indivíduo na ZDP pode alcançar um nível de resolução de problemas que não poderia atingir sem o auxílio de outra pessoa. É justamente na ZDP, segundo Vygotsky, que o aprendiz pode desenvolver novas formas de pensar, graças à colaboração de outros indivíduos, como o professor, que na escola tem papel fundamental em sua apropriação. Ou seja, a ZDP se estabelece em contexto.

Em outras palavras, segundo Antunes (2002), a ZDP é um espaço que não é restrito a apenas alguns alunos ou professores, mas, sim, um ambiente teórico constituído pela interação entre o educador e os educandos, em relação aos objetivos das tarefas a serem realizadas pelo aprendiz e ao conhecimento e aos recursos de apoio usados pelo professor. Logo, o docente pode promover a colaboração entre os educandos para criar frequentemente a ZDP, a fim de possibilitar aos alunos o desenvolvimento de seu pensamento rumo à complexidade.

Portanto, a escola é o lugar onde a intervenção pedagógica intencional desencadeia os processos de ensinar e aprender. O professor tem o papel explícito de interferir nos processos, diferentemente de situações informais nas quais a criança aprende por imersão em um ambiente cultural. Com efeito, é papel do docente criar situações que possam promover avanços nos alunos, o que se torna possível por meio de sua interferência na ZDP.

Vygotsky destaca que o processo de aprendizagem se situa no desenvolvimento histórico-social do ser humano, que por sua vez não pode ocorrer sem a aprendizagem. Nesse sentido, a aprendizagem é o motor que impulsiona o desenvolvimento global do ser humano.

É na articulação entre esse desenvolvimento e os processos de aprendizagem que a ZDP surge. Ela representa um espaço em que a aprendizagem nasce da ação do aluno, o qual se encontra situado historicamente em um espaço social, sobre os conteúdos e as estruturas anteriormente interiorizadas, que traduzem o status de desenvolvimento em que o aluno se encontra.

Apesar das divergências, tanto Piaget quanto Vygotsky contribuem significativamente para a concepção da teoria construcionista de aprendizagem, principal fundamento da prática pedagógica com robótica, haja vista a necessária articulação entre o ser epistêmico e o ser social.

O construcionismo de Papert assume a posição sociointeracionista de Vygotsky, na medida em que considera a palavra no processo de aprendizagem, ou seja, a comunicação que ocorre nas relações entre aluno-aluno e aluno-educador. Além disso, identificar a ZDP potencializa o processo de aprendizagem de cada aluno mediante a utilização das tecnologias.

Construcionismo

Para Papert, criador da abordagem construcionista de aprendizagem, enquanto o construtivismo delimita a construção de estruturas de conhecimento por intermédio da internalização progressiva de ações, o construcionismo acrescenta que isso ocorre de maneira mais eficaz quando o aprendiz está em um contexto consciente e quando pode construir suas ideias e representá-las no mundo real.

Com o advento do computador, passamos a enfrentar não só novos paradigmas no processo educativo, mas também podemos confrontar as teorias de aprendizagem que permeiam o ensino e a aprendizagem. Surgem, assim, novas possibilidades para que os alunos possam materializar seus pensamentos e suas ideias por intermédio da máquina e das novas tecnologias que nos cercam.

Em sua concepção, Papert desenvolve essa teoria concomitante à linguagem de programação Logo, pois, assim que os computadores começaram a ser usados em educação, nas décadas de 1970 e 1980, ele se preocupou em discutir a utilização da máquina pelo aluno em uma concepção de construção de conhecimento.

Assim, quando Papert e outros pesquisadores do MIT desenvolveram o Logo, entrou em evidência o papel do computador como recurso que pode impulsionar o aprendizado significativo no aluno, pois o aprendiz utiliza programas computacionais, que possibilitam uma interação com a máquina, a fim de construir algo interessante para si próprio.

Os construcionistas, seguindo as ideias construtivistas e indo além, enfatizam criticamente as construções particulares de determinado tema, ou seja, a personalização da aprendizagem, que são externas e podem ser manuseadas por qualquer aprendiz.

Em linhas gerais, Papert defende que devemos aprender fazendo. Não importa em que níveis de aprendizagem ou estágios de educação estejamos, o aprendizado deve acontecer de forma que possamos materializar nossas ideias e pensamentos no mundo exterior, onde também podemos repartir nosso aprendizado com outros aprendizes.

Por causa do foco na aprendizagem por meio do fazer, em vez de tentar centralizar todos os potenciais cognitivos, Papert nos ajuda a entender como o conhecimento se forma e se transforma quando expressado por intermédio do computador, com o uso de diferentes mídias e em contextos particulares.

Papert destacou a importância dos objetos para pensar, como cada pessoa torna a experiência de aprendizagem algo pessoal e significativo. Em muitas palestras que ministrou, falou sobre sua experiência pessoal com engrenagens, principalmente na infância. Antes dos dois anos, Papert já era fascinado por carros e usava vocabulário relacionado às peças dos automóveis. Mesmo que só tenha entendido o sistema de câmbio e engrenagens de um carro muitos anos depois, a experiência de explorá-lo durante a infância tornou esse objeto seu passatempo preferido e umas das coisas de que mais gostava. Nas palavras dele:

> Acredito que trabalhar com diferenciais fez mais pelo meu desenvolvimento matemático do que qualquer outra coisa que me foi ensinada na escola infantil. As engrenagens, que serviam como modelo, carregaram muitas ideias abstratas na minha mente. Claramente me recordo de dois exemplos matemáticos na escola. Eu via tabelas de multiplicação como engrenagens, e meu primeiro contato com equações com duas variáveis (por exemplo, $3x + 4y = 10$) imediatamente me fez lembrar dos diferenciais. Quando fiz o modelo mental, em forma de engrenagem, da relação entre o x e o y, descobri quantos dentes cada engrenagem precisava e a equação tornou-se uma agradável amiga. (PAPERT, 1993, tradução livre do autor).[1]

---

[1] Traduzido de "I believe that working with differentials did more for my mathematical development than anything I was taught in elementary school. Gears, serving as models, carried many otherwise abstract ideas into my head. I clearly remember two examples from school math. I saw multiplication tables as gears, and my first brush with equations in two variables (e.g., $3x + 4y = 10$) immediately evoked the differential. By the time I had made a mental gear model of the relation between x and y, figuring how many teeth each gear needed, the equation had become a comfortable friend".

Em seu entendimento, Papert relata que Piaget apresentava quase sempre os aspectos cognitivos da assimilação, mas não os componentes afetivos. Em sua experiência com as engrenagens, Papert ressalta a importância do tom afetivo relacionado a essa experiência de aprendizagem. Qualquer coisa pode ser facilmente aprendida se você puder assimilá-la em sua coleção de modelos mentais. Caso não tenha nenhum modelo mental disponível, o caminho de aprendizado pode ser mais difícil.

Nesse sentido, aquilo que um indivíduo pode aprender e o modo como aprende dependem dos modelos que ele tem disponível. Assim, sempre é possível questionar como o indivíduo aprende esses modelos, destacando como as estruturas intelectuais evoluem de indivíduo para indivíduo e como, no processo, elas adquirem forma tanto lógica quanto emocional.

Para Papert, a chave para o aprendizado é projetar no ambiente externo nossos sentimentos e ideias internas. O aprendizado torna-se tangível e compartilhado quando podemos externar nossas ideias, inclusive por intermédio daquilo que expressamos no mundo exterior. O ciclo do aprendizado autodirecionado é um processo pelo qual os aprendizes inventam objetos de conhecimento para si mesmos, com as ferramentas e mediações que melhor suportam a exploração de seu interesse.

No construcionismo, mesmo em adultos, o conhecimento se dá essencialmente no contexto da vida, modelado pelo uso. O uso da mediação e do suporte externo deixa no aprendiz o essencial para expandir os potenciais da mente humana, em qualquer nível de seu desenvolvimento, ou seja, o aprender fazendo.

Para Almeida (2005, p. 26), a concepção

> construcionista aplica-se ao uso das Tecnologias de Informação e Comunicação não só através de linguagem de programação, mas também com o emprego de redes de comunicação a distância (internet), sistemas de autoria, programas de criação de páginas para a Web, editores de desenhos, simulações, modelagens, programas aplicativos como processadores de textos, planilhas eletrônicas, gerenciadores de banco de dados e outros softwares, os quais permitem o planejamento e a execução de ações (VALENTE, 1993, 1996; PRADO, 1993; ALMEIDA, 1996a, 1997), que articula as informações selecionadas com conhecimentos/saberes anteriormente adquiridos na construção de novos conhecimentos.

Segundo suas proposições, os alunos aprendem mais quando têm a oportunidade de explorar e criar conhecimento que é de seu interesse pessoal. Eles deveriam ter a chance de trabalhar com projetos mão na massa pelos quais se interessem, podendo explorar e testar suas ideias. Esse tipo de aprendizado encoraja os estudantes a criar caminhos e ambientes que sustentem os projetos que são significativos para eles em um nível pessoal. Cada estudante determina a sua direção de aprendizagem, em vez de ser submetido às ideias planejadas pelo professor dentro da sala de aula.

Um dos objetivos de sua teoria é permitir que a criança formule o conhecimento por si próprio, com a menor interferência possível do professor. Proporcionar às crianças ferramentas potencialmente construcionistas, como os materiais de robótica educacional, faz com que os professores propiciem um ambiente construcionista para seus alunos. Essas tecnologias, segundo Papert, dão às crianças a liberdade para formar ideias, investigá-las, construi-las e formular pensamentos.

O construcionismo pode ser muito valioso para os professores em qualquer tipo de sistema escolar. Quando as crianças estão engajadas no que estão fazendo, elas ficam mais motivadas a aprender. Os princípios construcionistas podem ser úteis aos alunos com dificuldade de memorização, aos que têm problemas com as avaliações do dia a dia escolar e aos que se cansam facilmente com os estímulos intelectuais que recebem.

A abordagem construcionista permite aos alunos seguirem seu próprio ritmo de trabalho e se engajarem em projetos de seu interesse pessoal. Ou seja, todos irão aprender sem se preocupar em decorar temas para passar nas provas.

Permitir que os aprendizes explorem e interajam com projetos pessoais é dar a eles a oportunidade da descoberta. Quando o aprendiz testa suas ideias por meio de qualquer coisa que possa a materializar seus pensamentos, como um programa de computador ou peças de montagem como a LEGO, ele desenvolve por si próprio noções que nunca havia experimentado antes. Poderíamos aqui colocar o princípio de Papert (2008, p. 92): "Uma das etapas mais importantes do crescimento mental está baseada não somente em adquirir novas habilidades, mas em adquirir novas maneiras de usar aquilo que já conhecemos".

Desenvolvidas pelo aprendiz e relacionadas a um objeto significativo, essas noções, que podem ser chamadas de ideias potencializadas (powerful ideas, em inglês), permitem aos alunos observarem como e por que alguma coisa funciona. Se uma criança sabe os "comos" e "porquês" por trás de um conceito, ela não somente terá um melhor entendimento das informações, como também a habilidade de aplicá-lo em qualquer outro lugar. Essas ideias potencializadas são particularmente enriquecedoras para os estudantes, porque são formuladas pelas próprias crianças para seus propósitos. Nesse contexto, por causa do desenvolvimento das ideias, os alunos vivenciam uma conexão de seus pensamentos e um olhar positivo sobre o aprendizado, por intermédio da própria experimentação.

Com efeito, o conceito de ideias potencializadas no construcionismo não se relaciona apenas ao engajamento do aprendiz com um objeto de estudo, mas também à depuração aprofundada desse objeto e dos conceitos e saberes relacionados a ele. Para exemplificar, um indivíduo pode estar engajado no estudo sobre o funcionamento de alavancas e, quando tiver a oportunidade de explorar o tema, poderá então não apenas compreender suas funções e definições, mas também conhecer a fundo suas possibilidades, usos, desenvolvimento, relações entre mecanismos e sua produção, industrialização, consumo, etc.

Bers (2007) estabelece cinco tipos de conexões que propiciam o surgimento das ideias potencializadas: culturais, pessoais, de domínio, epistemológicas e históricas.

Conexões culturais

Uma ideia (conceito) deve estar estabelecida pela cultura antes de se tornar potencializada (powerful), o que acontece quando a cultura alcança consenso sobre a importância e relevância da ideia para a própria cultura. Ao mesmo tempo, quando enraizada na sociedade, uma ideia potencializada se torna integrada à cultura e é vista como se sempre tivesse existido. Ela é tida como certa, e seu poder não é questionado. Por exemplo, em um país como os Estados Unidos, a democracia é uma ideia potencializada, tão enraizada na cultura que muitos nem a percebem. Porém, em países recém saídos de ditaduras, a democracia ainda não está plenamente normalizada.

Conexões pessoais

As ideias potencializadas provocam uma resposta emocional nas pessoas, pois podem ser conectadas aos interesses, paixões e experiências do indivíduo. As pessoas precisam conhecer essas ideias e estabelecer experiências pessoais com elas, de uma maneira similar ao modo como conhecem outros indivíduos e estabelecem relações com eles. Pessoas que tiveram experiências de vida em países democráticos tendem a gostar da democracia e sentem que não poderiam viver de outra maneira.

Conexões de domínio

As ideias potencializadas servem como princípios organizadores, permitindo repensar um grande domínio de conhecimentos e conectá-los com outros. Um domínio define áreas especiais do conhecimento que agrupam diversos tópicos. Por exemplo, crianças podem se interessar pelo domínio "animais", que pode ser usado para ensiná-los sobre diferentes conteúdos, como biologia ou geografia. Ideias potencializadas de democracia podem ser úteis para organizar o domínio "vida pública" e, ao mesmo tempo, conectar outros domínios como "direitos humanos". A democracia se torna uma ideia potencializada quando as pessoas conhecem fatos, como as regras que organizam uma sociedade democrática, e quando conectam suas próprias experiências com casos de experiências democráticas. Ela também se torna uma ideia potencializada quando as pessoas podem exercer suas habilidades, como votar, e até aplicar processos mentais, como a resolução de conflitos.

Conexões epistemológicas

As ideias potencializadas abrem novas possibilidades de pensamento, não somente sobre um domínio particular mas também sobre o próprio pensar. Elas servem para estabelecer uma conexão com o nível "meta", ou seja, pensar sobre o próprio pensar, um nível elementar da construção do conhecimento. Para ser potencializada, uma ideia precisa refletir sobre nosso próprio jeito de construir conhecimento sobre o mundo e sobre nós mesmos. Por exemplo, a democracia nos dá a oportunidade de desenvolver novas maneiras de pensar sobre organizações justas e sobre distribuição de poder, o que implica domínios diferentes, como nosso modo de viver, pensar e aprender.

Conexões históricas

Ideias potencializadas persistem ao longo do tempo e têm um vasto poder de influência. Elas não são somente uma questão de modismo, pois sua influência pode ser sentida por muitas gerações e mesmo transformar a atmosfera intelectual de um período histórico. Por exemplo, na França antes da revolução, a democracia não era uma ideia potencializada. Na verdade, não era nem uma ideia. Entretanto, uma vez que se tornou potencializada, teve múltiplos efeitos, influenciou o mundo e persistiu ao longo dos séculos.

As ideias potencializadas, que o aluno vivencia quando utiliza a robótica como situação concreta no processo de aprendizagem, traduzem a relação que o aluno constrói entre os múltiplos conceitos e significados envolvidos no processo, bem como no objeto de estudo.

As habilidades fomentadas por meio do uso de computadores e tecnologias em educação estão encorajando os alunos a desenvolver ideias valiosas e relevantes para outros domínios do conhecimento. Se uma criança aprende alguma coisa usando um computador, e o que foi aprendido só é aplicado em computadores, este conhecimento terá um pequeno efeito. O computador deve ser usado como uma ferramenta para construir conhecimento relevante para o uso no mundo exterior. As tecnologias mais efetivas para o ensino são aquelas que fazem os conceitos parecerem naturalmente evidentes, permitindo sua exploração e conexões com tópicos significativos.

Assim, essas ideias potencializadas direcionam o processo de aprendizagem para a interação das diferentes áreas do conhecimento, bem como proporcionam ao indivíduo experiência em alcançar diferentes objetivos por meio de um mesmo objeto de estudo. Na imersão do sujeito, quando se debruça sobre o objeto de estudo, abre-se a possibilidade de o aprendiz desenvolver novas estratégias para o pensar, ou seja, ao estudar o objeto de forma complexa, é esperado que o indivíduo possa pensar sobre o próprio pensar.

O aspecto da aprendizagem colaborativa também foi apontado no construcionismo por Papert. Durante a sua visita ao

Rio de Janeiro em 1974, ele pôde vivenciar o ambiente das escolas de samba, destacando como as pessoas estavam engajadas em objetivos comuns, aprendendo umas com as outras, observando, criando em um contexto colaborativo e, principalmente, demonstrando níveis de competências diferentes em relação à dança.

Antes do advento da internet, os computadores eram individuais e pessoais, e foi nesse período que o construcionismo se desenvolveu de forma concomitante à linguagem Logo. Papert reflete, ainda na década de 1970, sobre um tempo em que as pessoas usariam as tecnologias e os computadores de maneira mais coletiva e colaborativa, ampliando as possibilidades do processo de ensinar e aprender, à semelhança do que acontecia nas escolas de samba.

Diversas vezes, Papert relatou que as crianças, quando utilizavam a linguagem Logo de programação para aprender geometria, por exemplo, destacavam ser ao mesmo tempo difícil e divertido. Papert sinalizava que existe uma diferença entre a aprendizagem ser chata e fácil ou difícil e divertida, pois os indivíduos constantemente demonstravam interesse por coisas difíceis e interessantes de fazer, ou seja, interessavam-se pelo desafio da ação proposta. Para o construcionismo, a diversão em aprender vem com o engajamento e o profundo interesse do indivíduo pelo objeto de estudo.

Por último, destacamos o pluralismo epistemológico que considera diferentes formas de compreender, de saber, de conhecer a si próprio e ao objeto de estudo em questão. Na escolarização, ainda há muita uniformidade em relação ao processo de ensino-aprendizagem, dando-se muita ênfase em certas formas de aprender.

Embora os estudos de Papert tenham sido influenciados por Piaget de forma mais marcante, o sociointeracionismo de Vygotsky está presente em sua pesquisa, na medida em que destaca a importância das interações sociais na construção do conhecimento e sua respectiva influência na aprendizagem e no desenvolvimento humano, especialmente no tratamento da linguagem.

Papert, Piaget e suas aproximações

Tanto Papert como Piaget são construtivistas, no sentido de que a criança é construtora de sua própria cognição, assim como do mundo que a cerca. Para eles, o conhecimento e o mundo são construídos e constantemente reconstruídos por intermédio da experiência pessoal. O conhecimento não é uma mera mercadoria para ser transmitido, codificado, retido e reaplicado, mas, sim, uma experiência pessoal para ser construída. De igual maneira, o mundo não está esperando para ser descoberto, mas, sim, constantemente modelado e transformado pelas nossas experiências pessoais (ACKERMANN, 1993).

Além disso, os dois são desenvolvimentalistas, na medida em que compartilham uma visão congruente da construção do conhecimento. Seu objetivo comum é o destaque do processo por meio do qual as pessoas desenvolvem suas visões de mundo e constroem um profundo entendimento sobre si próprios e seu ambiente.

Apesar dessas importantes convergências, o pensamento dos dois pesquisadores difere e, para entender essas diferenças, é necessário esclarecer o que cada teórico quer dizer com inteligência.

Segundo Ackermann (1993, p. 7) "o interesse de Piaget era em geral a construção da estabilidade interna, enquanto Papert se interessa nas dinâmicas da mudança".

Nos estudos de Piaget, encontramos o relato de como as crianças progressivamente se destacam do mundo dos objetos concretos, gradualmente se tornando capazes de mentalmente manipular objetos simbólicos entre reinos hipotéticos do mundo. Piaget pesquisou a habilidade das crianças em extrair as regras das regularidades empíricas e de construir invariantes cognitivas, destacando ainda a sua importância como significados de interpretação e organização do mundo. Sua teoria enfatiza, então, todos aqueles aspectos necessários para manter a estrutura e organização interna do sistema cognitivo (ACKERMANN, 1993).

Já Papert contribui para os processos de ensino e aprendizagem ao afirmar que ser inteligente significa estar contextualizado, conectado e sensitivo às variações do ambiente. Papert destaca o fato de que se nos aprofundarmos em situações de aprendizagem, em vez de vivenciá-las superficialmente, se houver integração ao invés de separação, essas situações se tornarão significativas para nosso aprendizado. Em sua teoria, a chave para o verdadeiro aprendizado é nos aplicarmos inteiramente ao que estamos aprendendo.

Papert amplia as perspectivas do construtivismo ao aplicar o uso do computador na aprendizagem, com as possibilidades do ensino da matemática. Nesse sentido, destaca que na interação da criança com a linguagem Logo, podemos distinguir dois tipos de conhecimento: o matemático, o qual as crianças experimentavam com a tartaruga geométrica, e o conhecimento sobre a aprendizagem, ou seja, o feedback que elas podiam receber sobre seu próprio processo de aprendizagem.

Para concluir, o foco da pesquisa de Papert está em como o conhecimento é formado e transformado entre contextos específicos, em como é modelado e expressado por meio de diferentes mídias, e em como é processado em diversas mentes. Papert considera a fragilidade do pensamento durante os períodos de transição. Ele se interessa em como diferentes pessoas pensam e situam a fragilidade, a contextualidade e a flexibilidade do conhecimento em construção como elementos-chave no processo de aprendizagem.

Enquanto Piaget entende a criança como um sujeito epistêmico, cujo propósito é impor estabilidade e ordem em seu mundo turbulento, Papert entende o sujeito como mais propenso a relações com o mundo e no mundo, que se identifica o tempo todo com os outros e com as diferentes situações que o cercam.

Apesar do construcionismo de Papert apresentar em suas bases aspectos do construtivismo e do sociointeracionismo, outros pensadores também influenciaram sua teoria, como Paulo Freire e Dewey. Além disso, alguns desdobramentos do construcionismo também surgiram para representar o processo de aprendizagem com a robótica.

Construcionismo no Brasil

No Brasil, assim como em todo o mundo, o construcionismo surgiu do uso da linguagem Logo. Embora Papert priorizasse a ação autônoma do sujeito na construção do conhecimento com o uso do computador, em seus trabalhos ele também destaca a importância de enriquecer os espaços de aprendizagem nos quais os sujeitos irão construir os conceitos que permeiam esses ambientes.

A associação do uso da linguagem Logo ao construcionismo é facilmente compreendida em razão da possibilidade que o aluno tem de criar e representar suas ideias por intermédio do computador. Essas representações, por sua vez, podem servir de transição para a compreensão de conceitos mais complexos e abstratos (VALENTE, 2002).

A utilização do Logo permite ao aluno muito mais que a representação de suas ideias. Na verdade, o raciocínio do usuário é executado pelo computador no momento em que o programa é rodado, produzindo um resultado que, quando comparado com a ideia original da resolução do problema, permite ao aluno reavaliar seus conceitos e, assim, melhorá-los ou construir novos conhecimentos.

Nessa perspectiva é que nasce, segundo Valente (1993, 1999), a noção de que esse processo acontece em ciclos, no auxílio da produção de conhecimento. Esses ciclos de ações possuem as seguintes etapas, segundo Valente (1993, 1996, 1999, 2002): descrição, execução, reflexão e depuração. O computador executa comandos fornecidos pelo indivíduo e, assim, cumpre um papel maior que o de simplesmente representar ideias, de modo que a máquina pode favorecer a construção de conhecimento por meio do ciclo.

Na utilização da linguagem Logo no processo de aprendizagem, podemos identificar o ciclo descrito anteriormente, pois criamos uma programação para resolver um determinado problema.

No Logo, quando temos uma ideia para resolver um problema, utilizamos comandos que a tartaruga gráfica vai executar na tela do computador. A execução dos comandos pela tartaruga é vista na perspectiva da ação do aluno sobre o computador, implicando a solução encontrada pelo educando para o problema, pois, por meio do programa descrito pelo indivíduo, o computador executa a tarefa de que foi incumbido.

Quando o comando é executado, em resposta ao comando descrito pelo usuário, a tartaruga gráfica apresenta na tela um resultado que pode ser usado para comparar a intenção inicial e o que foi produzido, tendo como consequência diferentes níveis de abstração (VALENTE, 2002).

Essa reflexão indica duas sequências possíveis: primeira, o aluno não modifica sua descrição inicial, porque ela corresponde ao resultado obtido na execução do programa e, assim, o desafio está resolvido; segunda, o educando depura o programa descrito, pois não corresponde à intenção inicial. Essa depuração pode ser feita de diversas maneiras e implica uma nova descrição, de modo que o ciclo descrição-execução-reflexão- -depuração repete-se novamente.

Assim, cada vez que o aluno cria um determinado programa, o computador expressa o raciocínio do aprendiz por meio da linguagem utilizada (Logo), o que, necessariamente, corresponde à representação do conhecimento em construção, na etapa da descrição no ciclo.

No entanto, ao executar a descrição, o computador nos permite visualizar uma perspectiva que até aquele momento não existia, que é justamente a interpretação que se faz do raciocínio do aluno, por meio da execução do programa.

Assim, o resultado daquilo que foi planejado pelo aluno pode colaborar para a reflexão e a depuração das ideias iniciais, possibilitando ao aprendiz alcançar ou não a resolução do desafio proposto. Com efeito, o aprendiz pode, em determinado momento, não conseguir avançar, considerando-se, assim, o abandono do ciclo. Segundo Valente, é aí que

> entra a figura do professor ou de um agente de aprendizagem que tem a função de manter o aluno realizando o ciclo. Para tanto, o agente pode explicitar o problema que o aluno está resolvendo, conhecer o aluno e como ele pensa, incentivar diferentes níveis de descrição, trabalhar os diferentes níveis de reflexão, facilitar a depuração e utilizar e incentivar as relações sociais. O grande desafio é fazer com que o aluno mantenha o ciclo em ação. (VALENTE, 2002, p. 21)

Essa é justamente uma das contribuições mais importantes do construcionismo, pois dedica atenção especial ao papel do educador em relação ao processo de construção do conhecimento com o auxílio do computador.

Nesse sentido é que, segundo Valente (1993, 1996, 1999, 2002), o ciclo pode ser mais eficiente quando se estabelece um mediador (professor ou agente de aprendizagem) que compreenda o verdadeiro significado do processo de aprendizagem estruturado na construção do conhecimento.

Some-se a esse processo a intervenção do mundo que cerca o aprendiz, pois ele está inserido em um dado ambiente social, a saber: a escola, a comunidade e sua região. Assim, o aluno possui uma fonte muito ampla para reflexão e consequente depuração dos problemas a serem resolvidos.

Embora seja possível realizar o ciclo no próprio ambiente Logo, pode-se usar outros softwares para isso, como programas de autoria, processadores de textos, planilhas eletrônicas, etc. A diferença entre o Logo e os demais softwares está na flexibilidade que estes possibilitam na execução do ciclo.

Os conceitos presentes na ideia de ciclos para a compreensão de novos conhecimentos sempre estiveram presentes nas mais diversas teorias sobre aprendizagem. Piaget, Vygotsky, Wallon, entre outros, estudaram os ciclos que envolvem o processo de aprendizagem e escreveram sobre eles, com base na interação entre o indivíduo e o meio em que vive.

Apesar das ponderações acerca do processo de construção do conhecimento descritas por esses autores, podemos dizer que, na interação com o computador, existem características únicas importantes para a aprendizagem em si.

Um ponto essencial é que, ao realizar uma ação na máquina, o indivíduo utiliza descrições para resolver um problema dado. Ao fazer isso, ele não vai ter um objeto relacionado a uma interpretação do seu pensamento. Em vez disso, o aluno literalmente comanda o computador, ao determinar ordens por meio de um programa como o Logo.

Assim, o computador executa fielmente o que lhe foi descrito, sem qualquer ação voluntária de si mesmo, pois não tem a capacidade de adicionar qualquer informação. Portanto, se algo sair errado em relação ao que foi descrito pelo aprendiz, isso significa que o resultado é fruto de um erro em seu próprio raciocínio. Por isso é que a resposta do programa proposto é fundamental para que o aluno possa iniciar o processo de reflexão e depuração com base no resultado obtido e nos seus conhecimentos anteriores.

A reflexão em ação permite ao aluno alcançar três níveis de abstração diferentes (PIAGET, 1995; MANTOAN, 1994), que são parte imprescindível para o processo de construção do conhecimento. Apesar da possibilidade de se fazer pequenos ajustes durante a depuração dos resultados, a abstração empírica e pseudoempírica não proporciona a construção de novos conhecimentos.

Para que haja mudanças conceituais significativas, o aprendiz precisa da abstração reflexionante (PIAGET, 1995). Para Piaget, projetar para um patamar superior aquilo que está em um espaço inferior, por meio de uma ação mental reflexiva, permite a construção de novos conhecimentos. Nas palavras de Valente (2002, p. 24): "As informações provenientes das abstrações empíricas e pseudoempíricas podem ser projetadas para níveis superiores do pensamento e reorganizadas para produzir novos conhecimentos".

Embora consideremos que a aprendizagem baseada no construcionismo, assim como a utilização do computador nesse processo, possa ser significativa, não podemos pensar que o indivíduo tem a capacidade de construir sozinho todo o seu conhecimento. Por isso mesmo é que o educador tem um papel fundamental para ajudar o aprendiz.

Com o uso do computador, as possibilidades existentes na representação do raciocínio do aprendiz criam um ambiente propício para que o educador possa observar concretamente os seus pensamentos e a maneira pela qual organizou a resolução dos problemas propostos.

Nesse sentido é que Valente (1993, 1996, 1999, 2002) amplia os ideais do construcionismo, destacando a importância do educador em ambientes de aprendizagem com base na abordagem construcionista.

Portanto, no construcionismo, o professor tem a possibilidade de entender todo o processo de construção do conhecimento do aluno, na medida em que ele desenvolve seus projetos por meio de uma linguagem no computador, o que permite depurar o resultado e relacioná-lo aos conceitos sobre a aprendizagem, sobre o conhecimento específico envolvido no problema e sobre aprender a aprender.

Isso faz emergir uma característica importante: a reflexão sobre os próprios mecanismos do raciocínio do aluno, permitindo que ele reflita sobre suas formas de pensar a resolução dos problemas propostos.

Apesar da ideia de que o ciclo nasce para analisar as ações dos alunos ao programar o computador, ele pode ser utilizado para se analisar a construção do conhecimento quando se usam outros tipos de softwares.

Além disso, esse ciclo contribui para a identificação e interpretação das ações dos alunos e para a verificação de como podem colaborar para a construção de novos conhecimentos. No entanto, em relação ao que acontece com a mente do aprendiz quando interage com o computador, a ideia do ciclo é limitada (VALENTE, 2002).

Mesmo que as ações do ciclo sejam repetitivas, cada início significa uma construção nova. Embora o aluno possa errar, existe o imperativo de agregação de novas informações, mesmo que o sucesso não tenha sido alcançado.

Assim, segundo Valente (2002), após o fechamento do ciclo, as ideias e os pensamentos nunca são iguais aos encontrados antes de sua realização. É por isso que a ideia de espiral se encaixa mais claramente do que a de um ciclo.

Sobre isso, Valente (2002, p. 28) afirma: "O ciclo sugere a ideia de repetição, de periodicidade, de uma certa ordem, de fechamento, com pontos de início e fim coincidentes, porém os conhecimentos não poderiam crescer e estariam sendo repetidos, em círculo".

Portanto, concordamos em destacar a espiral para explicar o processo de construção do conhecimento por meio da interação entre o aluno e o computador.

Figura 1 – Espiral da aprendizagem na interação aprendiz-computador

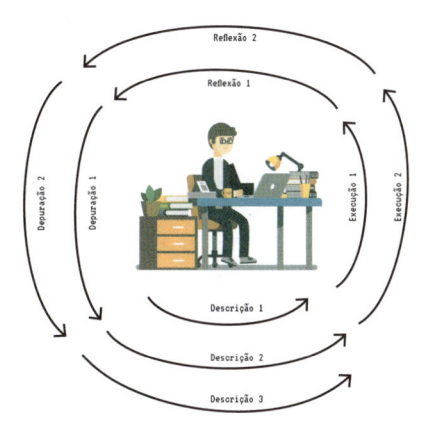

Fonte: adaptado de Valente (2002).

Construcionismo social

A concepção de construcionismo social integra as ideias do construcionismo e vai além, pois a construção das relações sociais e das atividades sociais compartilhadas no mundo são partes fundamentais do ciclo de desenvolvimento intelectual. Para o construcionismo social, o espaço social, por si só, é uma construção em evolução.

O construcionismo social parte das questões pertinentes ao fluxo contínuo e contingente de interação, ou seja, da linguagem, ou ainda, do discurso (texto falado ou escrito, como ações situadas e construídas em ação social). Assim, tem suas raízes fundamentadas na filosofia (Wittgenstein) e na linguística (Austin), não correspondendo a uma posição teórica única.

Nesse sentido é que o construcionismo social opta por começar a analisar as interações que geram tanto a linguagem quanto a compreensão, sendo os únicos elementos objetivos de que dispomos. Assim, esse desdobramento encara a linguagem como atividade, tendo como ponto de partida o discurso em seu estágio pragmático. Portanto, a linguagem surge como uma atividade em que se obtém significado.

Com efeito, a linguagem se configura como uma oficina em que a realidade se constrói à medida que se fala ou se escreve sobre o mundo, implicando a construção social da realidade.

Assim, quando os membros de um espaço social desenvolvem construções compartilhadas e externas, eles engajam o espaço social em um ciclo de desenvolvimento que é fundamental para determinar a sua transformação constante. O seu foco está acima das ramificações de desenvolvimento inerentes à natureza social.

Para o construcionismo, os ciclos de desenvolvimento individual são realçados pelo compartilhamento de atividades construtivas no espaço social. O construcionismo social acrescenta que o espaço social é também realçado pela atividade de desenvolvimento intelectual do indivíduo (RESNICK, 1996).

O espaço social não é visto aqui como um lugar neutro onde o desenvolvimento de atividades intelectuais acontece, mas, sim, como intimamente envolvido com o processo e com o resultado do próprio desenvolvimento. Assim, esse desdobramento está fundamentado no próprio construcionismo, mas também está marcado fortemente pela presença do sociointeracionismo de Vygotsky.

Se o construcionismo diz que as construções compartilhadas e as relações sociais são a chave para o desenvolvimento individual, então o espaço social é marcado pela fração e limitação de atividades sociais que podem apresentar barreiras ao desenvolvimento. Entretanto, por causa da característica mutável dos espaços sociais, introduzir atividades socialmente construtivas pode contribuir com respostas mais plausíveis.

Certamente, essa possibilidade trata da necessidade de melhores resultados dentro da natureza dos processos de desenvolvimento envolvidos nos espaços sociais, ou seja, a relação dialética entre o sujeito e o meio.

Para entender o paradigma do construcionismo social, é importante compreender que em qualquer espaço já existem certas relações sociais e relacionamentos com os materiais culturais. Quando as atividades socioculturais e os processos cognitivos se desenvolvem no contexto daquelas relações preexistentes, os resultados alcançados fazem com que surjam novas construções internas e externas, que podem provocar um desenvolvimento da ordem cognitiva interna e da ordem social externa, o que sugere uma convergência de três partes.

A configuração social apresenta um contexto de relações sociais e materiais culturais, o qual estabelece o estágio para os processos e atividades socioculturais em que o desenvolvimento das construções internas e externas pode ser formado.

Essas construções, por sua vez, ao mudarem as relações existentes podem influenciar a configuração social e suas consequências, adicionando ou alterando materiais culturais, atividades e processos, promovendo novos desenvolvimentos cognitivos e sociais. Portanto, cada um dos componentes influencia os outros nesse processo.

O ambiente apresenta um contexto de relações sociais e materiais culturais que estabelece um estágio para processos e atividades socioculturais, por intermédio dos quais as construções internas e externas podem ser formadas. Essas construções podem influenciar o ambiente social e ser responsáveis pela evolução, seja por meio da mudança dos relacionamentos existentes, seja por adicionarem ou alterarem materiais culturais, atividades e processos, ou então por promoverem novos desenvolvimentos cognitivos e sociais. Cada um destes componentes – relações sociais e materiais culturais, processos e atividades socioculturais, e construções internas e externas – são influenciados uns pelos outros. Não existe um elemento estático nesse processo, o que configura uma relação dialética.

As construções internas e externas são artefatos da teoria de Papert, enquanto as relações sociais e os materiais culturais são o contexto para o desenvolvimento das construções sociais. Uma construção social é um artefato compartilhado, que pode ser tanto um objeto quanto uma atividade, como um mural, um festival de verão ou qualquer outro projeto que proporcione mudanças quantitativas e qualitativas nos aspectos comunitários dos envolvidos (RESNICK, 1996).

Alguns tipos de construções sociais

Relacionamentos sociais: podemos defini-los como as amizades, as relações familiares, as parcerias e as diversas associações que as pessoas ativamente desenvolvem e mantêm nos seus espaços sociais.

Eventos sociais: podem ser bazares beneficentes, festas de bairro e todos os eventos organizados por pessoas que os idealizam e se reúnem para fazê-los acontecer.

Espaços físicos: podem ser definidos como murais, jardins comunitários, parques ou qualquer ambiente construído e mantido pelo esforço de um determinado grupo.

Objetivos e projetos sociais: os objetivos sociais são como ímpetos para a realização de ações como a manutenção e a limpeza de ruas, a doação de comida e roupas para os necessitados, a colaboração com os mais novos e os idosos, ou até mesmo a participação em atividades econômicas e atividades democráticas, como eleições. Já os projetos sociais são atividades desenvolvidas para a resolução dos objetivos, que somente se tornam construções sociais se sua atividade for incorporada por indivíduos que façam parte do ambiente social em questão.

Tradições e normas culturais: são determinadas pelo compartilhamento de diferentes dialetos, músicas, estilos de vida e vestuário, assim como o processo organizacional em que as pessoas estão inseridas, incluindo reuniões municipais, workshops, participação em igrejas, etc.

Quando as relações sociais estão divididas e as comunicações e interações sociais estão tensas, o espaço social é afetado e o processo de desenvolvimento e evolução é bloqueado. Inversamente, quando as relações sociais não estão afetadas, as interações no ambiente encorajam o desenvolvimento social e individual, o qual tem um efeito evolucionário no espaço social. Esse conceito declara que os planos sociais e individuais estão intimamente ligados, e que as atividades de desenvolvimento são matérias-primas para as construções internas e as construtivas interações externas.

Para o construcionismo social, os aprendizes trabalham em algo que faz parte de suas relações, o que envolve coesão social, senso de pertencimento a um grupo e senso de propósito comum. Também envolve desenvolvimento e aprendizado em níveis muito profundos. Nesse ambiente, todos estão se desenvolvendo: os jovens não são separados dos mais experientes, e os mais experientes continuam a aprender.

Construcionismo distribuído

O construcionismo distribuído expande a teoria construcionista, na medida em que prioriza situações de aprendizagem nas quais vários aprendizes estão envolvidos, colocando ênfase maior na questão social (VYGOTSKY, 2001). É o aprendizado compartilhado em níveis de colaboração, algo que é muito facilitado pelas tecnologias de informação.

Esse desdobramento do construcionismo sugere que as pessoas desenvolvem o conhecimento quando estão engajadas na construção de objetos significativamente pessoais, e que a interação das pessoas umas com as outras e com o seu ambiente de aprendizado é crucial para o processo de construção do conhecimento. Novamente, destacamos que esse desdobramento do construcionismo está fortemente marcado pelo sociointeracionismo de Vygotsky.

O conhecimento não é produto do acúmulo de informação, mas um processo de criação constante em termos de interação social. Por meio de atividades, os alunos aprendem não apenas os conteúdos ou os objetivos colocados pelos professores. Eles têm responsabilidade por determinadas tarefas, como indivíduos integrantes de uma comunidade, grupo, etc., e devem ser flexíveis em suas atitudes em relação aos projetos como um todo, pois muitos outros aprendizes tomam parte coletivamente nos projetos, e cada um é um ser humano único com diferentes pontos de vista.

A ênfase na comunicação de ideias sugere que as redes de computadores podem ter papel importante em ambientes de aprendizagem construídos para sustentar modelos cognitivos do construcionismo distribuído.

Segundo Resnick (1996), a dinâmica do processo de aprendizagem no contexto do construcionismo distribuído está relacionada diretamente a três categorias de atividades, que simbolizam o processo como um todo, embora o processo não seja linear e cada atividade seja interdependente: discussão de construções, compartilhamento de construções e colaboração sobre construções.

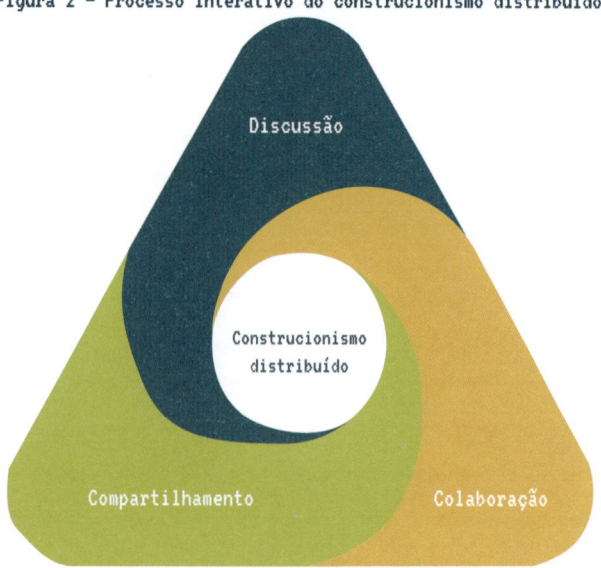

Figura 2 – Processo interativo do construcionismo distribuído

(Discussão / Compartilhamento / Colaboração / Construcionismo distribuído)

A figura 2 apresenta a relação entre cada etapa no construcionismo distribuído. As etapas estão interligadas e, em conjunto, estabelecem o processo interativo do construcionismo distribuído.

Assim, essas categorias destacam como a cognição é alterada quando mais de uma pessoa está envolvida em atividades que privilegiam a construção e o design de artefatos significativos para os participantes, constituindo assim um processo caracterizado como o construcionismo distribuído. Apresentamos a seguir a definição dessas categorias de atividades, para estabelecer as perspectivas de cada uma em relação ao processo como um todo.

Discussão de construções

Neste espaço, podemos destacar a questão da troca de experiências e informações por parte das pessoas interessadas em um mesmo assunto ou em projetos parecidos. Normalmente, associamos as atividades do construcionismo distribuído ao uso de computadores. Isso ocorre porque a própria rede mundial de computadores, a internet, facilita esse tipo de atividade. Portanto, o uso de e-mail, fóruns, blogs, etc. pode possibilitar a troca de ideias e estratégias sobre design e atividades das mais diversas, inclusive aquelas desenvolvidas nos ambientes de robótica, entre os aprendizes, fomentando debates que podem levar ao aprimoramento das construções.

Compartilhamento de construções

Além de simples discussões, os estudantes podem usar não só o computador, mas qualquer outro tipo de ferramenta para socializar certos tipos de construções desenvolvidas por eles. Assim, podem assimilar e incorporar as construções de outros alunos e, talvez, até copiar e remodelar as partes desenvolvidas pelos colegas.

Este estágio difere do anterior, pois aqui os aprendizes podem experimentar situações em que não somente trocam ideias, mas assimilam e interagem com as ideias dos colegas, a fim de complementar e melhorar o próprio desempenho. Nesse caso, as propostas são mais concretas, como programas de computador como o Logo, em que o aprendiz pode observar o desenvolvimento do colega, refletir acerca do que foi feito e ampliar os seus conceitos.

Colaboração sobre construção

Apesar de ser a última categoria, esta talvez seja a mais importante para o conceito de construcionismo distribuído. Assim como as outras, a possibilidade de compartilhar os objetos desenvolvidos é, sem dúvida nenhuma, uma grande fonte para o aprendizado. A diferença aqui é que o aprendiz pode, além de compartilhar as ideias, estratégias e construções dos demais, trabalhar em conjunto, em tempo real, com o desenvolvimento das atividades.

Como exemplo, temos as atividades desenvolvidas por meio da internet em cursos a distância que possuem ferramentas para a construção de atividades colaborativas simultâneas. No caso da robótica, temos em desenvolvimento a telerrobótica, que utiliza ferramentas do computador para que diversas pessoas possam programar e executar as funções de um objeto construído a distância. Além disso, essas construções também ocorrem durante a elaboração dos dispositivos robóticos em sala de aula.

Com esse tipo de atividade, a internet pode sustentar mudanças não somente no processo de aprendizado, mas também no conteúdo do que se aprendeu. Muito frequentemente, o foco das inovações educacionais está somente em como se dá o aprendizado, sem que se dê muita atenção àquilo que os alunos aprenderam. Muitas das representações e atividades realizadas nas escolas de hoje foram desenvolvidas no contexto da tecnologia do papel e caneta. As novas mídias e tecnologias (como o computador e a robótica) fazem com que sejam possíveis novas representações e formulações do conhecimento científico, que precisam ser compreendidas pelos educadores para que possam criar situações de aprendizagem que mobilizem os alunos para a aprendizagem ativa e a construção colaborativa de conhecimentos.

Portanto, pensamos serem relevantes as características do construcionismo distribuído em relação à robótica como recurso tecnológico nos processos de aprendizagem. Isto porque o uso desse recurso nos moldes dessa teoria permite potencializar a aprendizagem colaborativa e indica a ênfase nas relações sociais e na perspectiva da construção do conhecimento por parte dos alunos, a fim de contemplar a colaboração e o compartilhamento, características indispensáveis em um ambiente de robótica.

Em suma, os fundamentos das teorias de aprendizagem apresentadas fazem parte de uma base teórica de extrema importância quando usamos a robótica como recurso tecnológico na educação básica.

4. Currículo para robótica educacional: saberes pedagógicos e cultura escolar

Currículo: conceito e perspectivas

Os estudos sobre o currículo, sua dimensão teórico-metodológica e suas perspectivas atuais em relação à prática educativa nos diferentes níveis de ensino apresentam-se sob óticas independentes, mas que se completam. Poderíamos destacar, por exemplo, a visão do currículo por meio dos conceitos de conhecimento, sujeito e história humana. Nesse sentido, é essencial entender o conhecimento como prática simbólica que se estabelece pela ação mediadora do homem.

Assim, Severino (2002) destaca que o ser humano se entende no dia a dia, na compreensão das relações entre o simbólico, os materiais e os sujeitos da sociedade em si. Portanto, a existência do ser humano se dá pela prática, que se manifesta pela interação de todos os sujeitos inseridos na sociedade. Por isso, o sujeito é aquilo que faz na prática, que faz no agir, na sua própria práxis.

Com efeito, a cultura é construída e historicamente repassada por intermédio dessas interações dos sujeitos com as vivências de cada um, em uma rede de experiências interligadas. Assim, o autor afirma que "a existência se constrói num tempo histórico, graças à intervenção de um sujeito social, que também elabora historicamente o sentido que a norteia" (SEVERINO, 2002, p. 65). Nesse conjunto, a cultura se define como uma organizadora das práticas e das experiências vivenciadas. Contudo, o agir do ser humano se destaca em três vertentes: existência prática, esfera social e subjetividade.

Ao longo de sua existência, os seres humanos se associam em uma teia social de relações com a natureza, apropriando-se das coisas necessárias para sua subsistência. Na esfera social, o indivíduo precisa interagir constantemente com o grupo em que está inserido para sobreviver em sociedade. E, por fim, a subjetividade, uma cultura simbólica em que se estabelece o seu agir diário. O autor define que "em sua dimensão simbolizadora, a educação se expressa como cuidado do sujeito em sua subjetividade. É uma prática técnica, produtiva, política e social, mas suas ferramentas são especificamente simbólicas" (SEVERINO, 2002, p. 81).

Nessa perspectiva, nossa existência está permeada a todo tempo por símbolos, inclusive as ferramentas da educação, essencialmente simbólicas. A educação, por si só, se destaca como uma ação mediadora em que se estabelece o trabalho e, consequentemente, a construção histórica do sujeito e da prática social e simbólica.

No campo das possibilidades, o conhecimento é o elemento estruturante do controle político, pois é a forma de instrumentalizar os sobreviventes para o seu sustento físico (trabalho), mental (projeção de sonhos) e político-social (concretização de mudanças).

O conhecimento é institucionalizado e formalmente disseminado na escola. A organização dos conhecimentos depende das concepções e representações que os educadores fazem sobre determinados grupos, influenciados pelas concepções que balizam a sua formação (escolar e não escolar). Estão presentes no senso comum, nas práticas, nos processos e nos procedimentos convencionalmente padronizados e legitimados pelo aparato científico e pragmático a que foram submetidos esses sujeitos.

A disponibilidade de informações (característica da sociedade do conhecimento) é uma grande oportunidade, mas, sem um sedimento cultural para valorizá-la e dela aproveitar-se, contribui apenas de maneira superficial para a formação das pessoas. Nessas condições, ninguém poderá ficar indiferente, especialmente os profissionais da cultura - os professores. Portanto, a educação deve constituir-se em instrumento para a liberdade e a autonomia do sujeito, ou seja, para que este possa expressar-se como ator. Somente partindo da necessidade de potencializar o sujeito, poderemos nos libertar do dilema do indivíduo reduzido à vida privada, em um mundo livre de intercâmbios comerciais e de informação.

Comungamos com Apple (2006), que defende a ideia de que o conhecimento educacional (aquilo que se ensina nas escolas, especificamente na sociedade atual) tem de ser considerado como uma forma de distribuição mais ampla de bens e serviços. O estudo do conhecimento educacional não constitui um problema meramente analítico (o que devemos construir como conhecimento?), nem simplesmente técnico (como organizar e guardar o conhecimento de forma que as crianças possam ter acesso a ele e dominá-lo?), nem puramente psicológico (como fazer com que os alunos aprendam?). Em vez disso, deve constituir-se em um estudo ideológico que possibilite ao indivíduo romper as barreiras do senso comum, impostas pelo processo de naturalização, e desvelar as condições reais de sua existência. Portanto, para os filósofos na modernidade, a pessoa somente se torna humana pela cultura, constituindo-se alguém dignificado e membro de uma comunidade mais universal.

Com efeito, entende-se aqui que o currículo não se define como um simples plano ou projeto, mas, sim, como um conjunto de fatores e aspectos organizados em função de propósitos e objetivos educativos, atitudes, valores, etc.

Com base nisso, podemos dizer que a robótica é um recurso que possibilita ao educando a emancipação do processo de aprendizagem, na medida em que articula conhecimentos, habilidades, atitudes e valores, criando espaços não lineares de aprendizagem.

Para exemplificar nossas considerações, temos o desenvolvimento da atividade "Carro guiado", realizada com alunos do 8º ano do ensino fundamental, em que os alunos não só mobilizaram conhecimentos específicos de robótica, como sensores, motores, engenharia, ciências, engrenagens, polias, mas também habilidades de criação, montagem, trabalho em grupo, mobilidade, etc., a fim de construir o projeto de um carro autônomo que pudesse desviar de objetos para evitar a colisão.

Portanto, neste espaço, os alunos constroem seu conhecimento por meio de atividades que contemplam diferentes saberes, o que implica um trabalho pedagógico diferenciado em relação a outras disciplinas. Entretanto, mesmo sendo um recurso tecnológico que pode ser usado para promover um ambiente de aprendizagem significativo, em muitos casos a robótica é utilizada em uma estrutura pedagógica tradicional, com objetivos de instrução, em vez de contribuir para a construção do conhecimento.

O poder e o aspecto político determinam como as relações vão se estabelecer e como o indivíduo e a sociedade em que se insere veem a escola e sua produção. Como o conhecimento é construído? De que maneira ele é socializado, passando a ser um bem de todo o grupo? Que ideais, valores e crenças serão passados pela educação? A quem eles devem favorecer? Que perfil devem construir? Em que sociedade estarão inseridos?

Ao longo do século XX, com as transformações da sociedade industrial e o surgimento da sociedade da comunicação e da informação, os perfis se transformaram e as exigências que recaíram sobre o conceito de currículo passaram por discussões e sofreram alterações que pudessem atender a pessoa que se quer formar e o seu momento histórico-social específico.

A modernidade deixa um legado incompleto de educação e os motivos, segundo Sacristán (1999), são: o cuidado com o desenvolvimento e a consolidação da personalidade global do indivíduo imaturo; a socialização do sujeito dentro de um conjunto de valores de referência; a participação eficiente nas propostas produtivas; e a universalização e a igualdade para todos, como ideais democráticos. Dessa forma, teremos uma pessoa culta, o bom cidadão, com a personalidade adequadamente formada, e o bom trabalhador.

Já a pós-modernidade coloca um novo enfoque, mais subjetivo, sobre o conceito de cultura, que é formada por todos os conteúdos que constituem os modos de vida de uma sociedade. Esse novo enfoque sugere mudanças nas características básicas da escolarização. Por exemplo, a aculturação escolar é considerada algo mais que o currículo, e há uma ruptura com o conceito acadêmico de cultura. Considera-se também o resgate e a valorização da cultura popular, assim como a universalidade e as diferenças no currículo (SACRISTÁN, 1999).

Portanto, as ideias, os princípios e os valores são determinados por uma história, por uma realidade econômica e política, e isso não pode ser desconsiderado no seu processo de construção. Dessa, a relação entre ideologia e currículo deve ser compreendida, também, considerando essas fortes relações que têm determinado sua efetiva ação no cotidiano escolar.

O caminho para a superação dessa realidade perpassa as ações do dia a dia escolar, pois é nelas que devem estar presentes a criticidade e o comprometimento, permitindo assim aos educandos que tenham acesso a uma educação política, ética, significativa e coletivamente construída, que atenda ao momento em que está inserida e proporcione ao sujeito condições de se inserir na sociedade em que vive, no mundo do trabalho e nas relações intersociais.

Nesse sentido, é importante ter em mente que o currículo que precisamos construir deverá ser definido de acordo com o contexto, bem como estar voltado às necessidades de uma pessoa que é fruto do seu momento histórico, social, profissional e econômico.

Apple (2006) apresenta critérios que considera relevantes para a aplicação de modelos curriculares. Primeiramente, o currículo não deve ser visto como um tratamento terapêutico, ou seja, para obter determinados resultados, configurando-se em mero mecanismo de controle social. Ele destaca a necessidade de:

examinar criticamente e investigar as bases desses programas e processos; descobrir sua função para a criação de uma hegemonia; e construir novas bases para as questões curriculares, considerando diferentes aspectos que têm permeado o cotidiano, a cultura e a vida das pessoas que fazem a escola.

Com base nessas colocações, o professor tem um papel fundamental nesse processo de construção, pois, como educadores, temos que nos questionar sempre: de que forma poderíamos nos comprometer com a ação de transformar essa realidade escolar? E, segundo Apple (2006), parte dessa resposta é perceber que nosso próprio compromisso com a racionalidade requer que nos envolvamos numa postura dialética do entendimento crítico, que será parte da práxis política.

Em ambientes de aprendizagem que utilizam a robótica como recurso tecnológico, o professor tem papel fundamental na articulação do currículo e da proposta de emancipação do sujeito no processo de aprendizagem. Isto porque a robótica, apesar de estar inserida nos quadros curriculares em algumas escolas, ainda não carrega conceitos preestabelecidos sobre os conteúdos a serem trabalhados.

Assim, em geral, os conceitos não aparecem com os materiais de robótica, mas emergem do trabalho pedagógico construído pelo docente, e também pelos alunos, no ambiente que utiliza a robótica como recurso tecnológico.

Um aspecto que podemos apontar é que, segundo Sacristán e Gomez (1998), geralmente os conteúdos são moldados por caminhos diversos, decididos, selecionados e ordenados fora da instituição escolar, das aulas, das escolas e à margem dos educadores. Ora, essas decisões devem ser tomadas no âmbito da educação escolar e da própria escola: professores, agentes da educação, alunos e comunidade devem definir o que deverá compor determinado currículo, com o intuito de atender às suas necessidades e preparar os sujeitos para a vida.

Outro ponto abordado pelo autor é que, no processo de escolarização, é impossível se aprender tudo, e nem todos aprendem as mesmas coisas, da mesma forma. Por isso, devemos ficar atentos ao recorte de mundo e de cultura que vai ser definido, e qual o significado social e político presente nessa escolha. Além desse viés, temos que ter consciência de que vários elementos acabam por determinar esta ou outra sistematização: são preocupações didáticas, organizativas, sociais, políticas e filosóficas.

É nesse sentido que a inserção da robótica no currículo da educação básica desencadeou algumas ações que influenciaram as propostas atuais de desenvolvimento de atividades e conteúdos nas escolas. A segregação e o isolamento da disciplina, tanto em termos de prática pedagógica quanto em relação à seleção de conteúdos, são algumas delas.

Isso porque as escolas, em geral, não têm pessoal capacitado para desenvolver projetos de robótica, haja vista a necessidade de conhecimentos pedagógicos e técnicos. Outra questão é o uso dessa tecnologia como status mercadológico, o que normalmente faz com que a escola não se comprometa com a qualidade do trabalho, mas apenas com o resultado econômico.

Temos ainda a questão dos materiais de apoio disponíveis no mercado, como revistas pedagógicas que, embora apresente projetos nos mesmos moldes que um material didático das disciplinas comuns, como matemática e ciências, contempla atividades preestabelecidas que limitam o trabalho pedagógico.

Embora seja possível encontrar alguns projetos que demonstram práticas interdisciplinares, em sua maioria a robótica permanece isolada no currículo, pois, diferentemente de outras disciplinas que não fazem parte do núcleo comum, a robótica é uma área relativamente nova, principalmente na educação básica.

Os conteúdos, os projetos e as atividades não seguem parâmetros preestabelecidos, ou seja, as escolas e os docentes é que determinam o que ensinar e como ensinar. Este é o contexto de muitas escolas brasileiras.

Isto ocorre, por exemplo, em razão da falta de iniciativa em relação à produção de material de apoio pedagógico; do trabalho de formação docente, tanto inicial quanto continuada; e da dominação do mercado educacional interno brasileiro, por parte de empresas que detêm direitos exclusivos de distribuição de materiais.

Vemos, então, com base nesses aspectos, que a cultura selecionada dentro do currículo não é a cultura em si mesma, mas um aspecto em particular (SACRISTÁN; GOMEZ, 1998). Daí podemos afirmar que a cultura que permeia um currículo é sempre midiatizada pelos agentes e pelos elementos que, de determinada forma, tencionam essa elaboração.

Em meio a essas contradições, podemos entender melhor o papel do currículo. Ainda que sob influência de uma determinada ideologia social, de aspectos hegemônicos, de interesses das classes dominantes, haverá espaços para a manifestação dos sujeitos que o elaboram e o executam. Seja por visões particulares, seja por diferentes aptidões e ângulos de visão e análise, podemos perceber certa mobilidade e certa especificidade na forma como ele é desenvolvido. Nesse espaço, há possibilidades de rupturas e criações particulares.

O currículo é mais um processo social, que se cria e passa a ser experiência no ambiente escolar e fora dele, por meio de múltiplos contextos que interagem entre si (CORNBLETH, 1990 apud SACRISTÁN; GOMEZ, 1998).

Analisar currículos concretos significa estudá-los no contexto em que se configuram e por intermédio do qual se expressam em práticas educativas e em resultados (SACRISTÁN; GOMEZ, 1998). Assim, podemos definir o currículo como um projeto que, ao selecionar determinada cultura, acaba por definir-se como cultural, social, política e administrativamente condicionado, caracterizando determinada atividade escolar e acabando por delinear a própria realidade nas condições da escola, tal como se acha configurada.

Em nossos dias, em que enfrentamos a instabilidade e a constante transformação do mundo em distintas posições e relações, toda essa especificidade característica do currículo impõe uma ideia de alteração, mudança e inovações necessárias à preparação dos sujeitos.

A ideia de educar para a vida revelará a preparação prática para intervir no mundo, aspecto altamente valorizado nas sociedades industriais e pós-industriais. Em lugar do acúmulo de informações, da formação, da apropriação da cultura, a sociedade da informação reforçará o aprender a aprender, manifestado nas habilidades flexíveis, nas habilidades gerais esvaziadas de conteúdos concretos e naquelas necessárias para a aquisição e a revisão da informação mutável. Assim, a pessoa pode recorrer, entre as inúmeras fontes de informação, àquelas que podem compor seu currículo fora dos muros da escola (SACRISTÁN, 1999).

O currículo se expressa pelo equilíbrio entre as forças e os interesses estabelecidos sob as intenções educativas, por meio das quais se realizam as finalidades do ensino escolarizado. À medida que se entende o currículo como forma de realização das intenções sócio-históricas, a concepção de ser humano, do agir humano sobre sua prática, subsiste para que a teorização do currículo não se perca no simples julgamento de ações práticas diárias na escola.

Portanto, praticar o currículo significa dizer que a escola estabelece um caminho a ser percorrido como ato concreto das suas próprias convicções, direcionando suas ações sob um determinado momento na história, em um determinado nível escolar. Assim, o currículo se torna a práxis da subjetividade e se realiza como uma prática intencional, carregada de valores ideológicos.

Portanto, o currículo pode ser definido como uma construção social intencional da escolaridade, ou seja, dos conteúdos e orientações que servem como suporte aos materiais didáticos e às concepções que sustentam toda a ação educacional de um determinado nível de ensino.

Em sua origem, o currículo significava o território marcado e regrado do conhecimento, correspondente aos conteúdos que professores e centros de educação deveriam cobrir. O currículo a ensinar, portanto, "é uma seleção organizada dos conteúdos a aprender, os quais, por sua vez, regularão a prática didática que se desenvolve durante a escolaridade" (SACRISTÁN, 2013, p. 17).

O currículo desempenha função dupla: por um lado, organizadora e ao mesmo tempo unificadora do ensinar e do aprender; por outro, cria um paradoxo, pelo fato de que nele se reforçam as fronteiras (e muralhas) que delimitam seus componentes, como a separação entre as matérias ou disciplinas que o compõem.

A figura 1 destaca a representação do currículo:

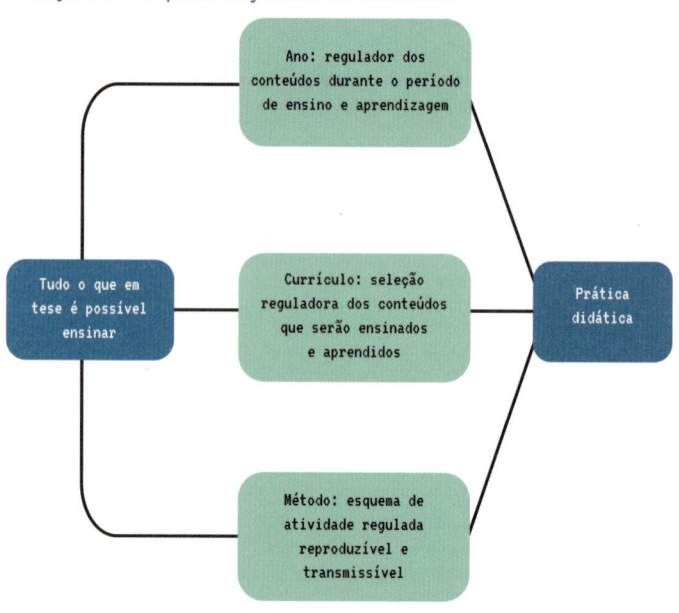

Figura 1 – O poder regulador do currículo

- **Ano:** regulador dos conteúdos durante o período de ensino e aprendizagem
- **Tudo o que em tese é possível ensinar**
- **Currículo:** seleção reguladora dos conteúdos que serão ensinados e aprendidos
- **Prática didática**
- **Método:** esquema de atividade regulada reproduzível e transmissível

Fonte: adaptado de Sacristán (2013).

O currículo se materializa sob três dimensões: planejado, real e oculto. O currículo planejado (ou prescrito) é um conjunto de pressupostos legais e convenções que regulamentam, de forma homogênea, o papel de transmitir uma cultura por meio de um único currículo, destacando conteúdos e disciplinas (áreas do saber).

O que chamamos de currículo real (ou em ação),

> É o que de fato acontece na sala de aula em decorrência de um projeto pedagógico e um plano de ensino. É a execução de um plano, é a efetivação do que foi planejado, a menos que neste caminho de planejar e do executar aconteça

mudanças, intervenção da própria experiência dos professores, decorrente de seus valores, crenças e significados (LIBÂNEO, 2004, p. 172).

Já o currículo oculto

> [...] é representado pelas influências que afetam a aprendizagem dos alunos e o trabalho do professor provenientes da experiência cultural, dos valores e significados trazidos pelas pessoas de seu meio social e vivenciado na própria escola, ou seja, das práticas e experiências compartilhadas em escola e na sala de aula (LIBÂNEO, 2004, p. 172).

Partindo dessas asserções acerca da concepção de currículo, é importante apontar também a relação entre o currículo e as tecnologias de informação e comunicação, sob a perspectiva da integração.

Integração de tecnologias ao currículo

Discutir o papel das tecnologias de informação e comunicação no currículo da escola básica nunca foi tarefa fácil. No entanto, refletir, discutir e propor caminhos para a integração das tecnologias ao currículo se faz cada vez mais necessário, na medida em que a educação vem se apropriando dos mais diversos recursos tecnológicos. Mas é preciso se perguntar: em que circunstâncias isso vem ocorrendo?

Em diferentes países, as pesquisas e estudos sobre o uso das tecnologias de informação e comunicação têm demonstrado que as práticas educacionais que utilizam recursos tecnológicos têm provocado muitos conflitos e desafios na escola, sendo uma das principais a integração das tecnologias ao currículo.

Podemos dizer que isso ocorre porque os alunos têm um vínculo com a tecnologia, de modo que sua relação com a inovação se torna cada vez mais confortável, o que não ocorre, por exemplo, com educadores e com a escola em geral.

Hoje, a tecnologia faz parte do dia a dia das pessoas, abrindo o caminho para que as tecnologias invadam as escolas, por intermédio do contato das pessoas com as mídias e as tecnologias (ALMEIDA; VALENTE, 2011).

Um impacto dessa constatação na escola é que os educadores têm demonstrado interesse em verificar se os alunos possuem um olhar crítico sobre as informações que recebem por intermédio dos mais variados recursos tecnológicos em seu cotidiano. Sabemos, com isso, que os educadores precisam desenvolver atividades que tenham como objetivo a aprendizagem da leitura e da interpretação crítica das informações e do uso das tecnologias no cotidiano do ser humano.

Reconhecemos ainda que, embora seja importante instrumentalizar o aluno quanto ao uso das tecnologias, isso é insuficiente para compreender seus modos de produção e sua incorporação nos processos de ensinar e aprender.

É nesse sentido que o contexto comunicacional e informacional contemporâneo tem sido intensamente resignificado pelas tecnologias digitais, em especial os computadores e sua dinâmica de rede, tornando-se indispensável compreender e refletir sobre os significados dessa intensificação, com o objetivo de se entender quais as possibilidades que elas trazem ao interagir com o mundo escolar e, especialmente, com o currículo.

Para tanto, entendemos que o conceito de tecnologia não pode ser compreendido como simples aparato material que potencializa o trabalho e as diversas habilidades humanas, tampouco ser explorado sob a perspectiva da produtividade e da mediação instrumental, essa última destacada pela exploração do avanço da ciência, tornando a técnica algo mecânico e instrumental, isolada da subjetividade humana.

Assim, nesta perspectiva, a tecnologia

> [...] tem uma gênese histórica e, como tal, é inerente ao ser humano que a cria dentro de um complexo humano-coisa-instituições-sociedade, de modo que não se restringe aos suportes materiais nem aos métodos (formas) de consecução de finalidades e objetivos produtivos, muito menos ainda, não se limita à assimilação e à reprodução de modos de fazer (saber fazer) predeterminados, estanques e definitivos, mas, ao contrário, podemos dizer que consiste em: um processo criativo através do qual o ser humano utiliza-se de recursos materiais e imateriais, ou os cria a partir do

que está disponível na natureza e no seu contexto vivencial, a fim de encontrar respostas para os problemas de seu contexto, superando-os. Neste processo, o ser humano transforma a realidade da qual participa e, ao mesmo tempo, transforma a si mesmo, descobre formas de atuação e produz conhecimento sobre tal processo, no qual está implicado (ALMEIDA; VALENTE, 2011, p. 42).

Com efeito, no momento em que o ser humano vivencia o processo criativo-transformativo-tecnológico, ele se percebe no processo, refletindo sobre o próprio processo, representando-o para si e para os outros, no sentido de gerar conhecimentos específicos sobre a tecnologia e sobre a técnica, sobre formas e meios de atuação, expressando-os por meio das linguagens.

Nessa perspectiva, a técnica tem relação direta com a arte, a criatividade e a transformação. Assim, a tecnologia está relacionada com esse processo de produção, criação e transformação, devendo ser compreendida para além de suas bases materiais e das perspectivas que a ciência sempre lhe conferiu.

Damásio (2007) aponta que o uso das tecnologias digitais de informação e comunicação (TDIC) nos contextos educativos engloba um conjunto de áreas, sejam elas baseadas no simples uso do computador e de seus recursos para sustentar uma exposição, ou até mesmo na incorporação das tecnologias para potencializar a colaboração e a participação ativa dos alunos nos processos de aprender.

Do ponto de vista da relação entre as tecnologias de informação e comunicação e a educação, embora seja necessária a presença dos recursos tecnológicos no ambiente escolar, é indispensável que essa presença seja compreendida sob a ótica da criatividade e da transformação (de si próprio e do contexto local).

Nesse sentido, a tecnologia e seu processo de criação não podem ser concebidos separadamente do ser humano, ou seja, todos os aparatos tecnológicos por ele criados não podem ser considerados independentes do homem. Isso porque as tecnologias são fruto direto da ação reflexiva, imaginativa e motora do ser humano, possuindo, assim, caráter humano.

Com efeito, o ser humano também sofre inferências das tecnologias, haja vista o processo em que ele ressignifica e transforma a si mesmo no processo de criação e uso dos recursos e instrumentos para atuar em seu meio.

Assim, pensar a tecnologia é pensar o próprio ser humano, que está totalmente interligado com a tecnologia, da mesma maneira que a tecnologia está imbricada no homem. Por isso, também quando refletimos sobre a relação entre a educação e as tecnologias de informação e comunicação, não podemos desvincular a ênfase do humano para o instrumento, e nem o contrário, visto que existe um entrelaçamento na relação homem-máquina, que rompe com a visão dicotômica e dominante no discurso pedagógico.

Com essas perspectivas, devemos discutir e refletir sobre a relação do currículo com as tecnologias de informação e comunicação para além dos conceitos e conhecimentos operacionais, para lidar também com a subjetividade humana, seu modo de ser, seu comportamento e funcionamento. Isso traz à discussão as interações tecnológicas no contexto histórico-social. Logo, as tecnologias de informação e comunicação representam não somente as ferramentas instrumentais e seus métodos de funcionamento, mas também uma composição simbólica que tem ação direta na subjetividade.

Da mesma forma que a tecnologia precisa ser pensada sob a ótica das relações com o humano, a integração das tecnologias de informação e comunicação ao currículo precisa estar atrelada à ótica da construção social, no sentido de tornar o homem mais humano, crítico e perceptivo em meio aos desafios do mundo que o cerca (ALMEIDA; VALENTE, 2011).

Com os avanços tecnológicos cada vez mais presentes na realidade cotidiana, os desafios igualmente se lançam ao ser humano em ritmo acelerado, quase que instantaneamente, exigindo consciência crítica do nosso papel.

A esse respeito, Paulo Freire (2000, p. 100) diz que "outro dado do momento atual nos contextos que sofrem o impacto da modernização tecnológica é a exigência que se coloca de decisões rápidas e variadas a desafios inesperados".

Em relação à prática do pensamento crítico, fica evidente a necessidade de se confrontar os desafios impostos pelos avanços tecnológicos, em favor da liberdade de criar e de reconstruir. Para isso, a educação precisa estimular a liberdade de criação, superando a mera repetição pela repetição, que impede o educando de utilizar as tecnologias em situações de reconstrução do saber.

Nesse processo, acreditamos, como Paulo Freire, na urgência de compreender o impacto das tecnologias na educação, recusando-nos a aceitar que esses avanços sejam fantasmas que vieram assombrar o ser humano, ou a solução para todos os males da sociedade.

Tendo como pressuposto que o currículo tem relação direta com as mudanças socioculturais e políticas da sociedade, ele será obrigatoriamente transformado com base em contextos culturais em que se desenvolve. Assim, as tecnologias de informação e comunicação estão presentes no currículo como elementos de sua estrutura, ou seja, como parte de seu processo de estruturação e construção.

No entanto, o que vemos na escola é a introdução dessas tecnologias ao currículo fora de contexto, sem uma reflexão crítica do processo, o que resulta no uso de recursos tecnológicos para reforçar os processos de ensinar e aprender de forma isolada. Logo, o modelo disciplinar e os pressupostos curriculares que mantêm as relações de poder são mantidos, enquanto as tecnologias tornam-se meros instrumentos de transmissão de informações (ALMEIDA; VALENTE, 2011).

Considerando que o processo educativo não se faz somente com a transmissão de conteúdo e a simples assimilação de informação, e que a própria dinâmica do uso das tecnologias de informação e comunicação é mais significativa que a mera transmissão de informações, precisamos pensar seu uso no sentido de ampliar as perspectivas do currículo. Com isso, permite-se que o aluno tenha autonomia em seu processo de aprendizagem e que possa compreender melhor os acontecimentos ao seu redor por meio de um pensamento crítico-reflexivo.

Portanto, os novos espaços de aprendizagem que surgem com a utilização dos recursos tecnológicos propiciam novas relações entre os processos de ensinar e aprender, assim como sua interação com o conhecimento. Essa perspectiva nos faz afirmar que essa integração permite que o currículo possa ser ampliado, promovendo uma participação mais ativa dos alunos na construção do conhecimento. Para tanto, a divisão de disciplinas não deve limitar o processo de aprendizagem, mas articular-se em projetos que envolvam a interdisciplinaridade na práxis educativa.

Assim, o uso das tecnologias de informação e comunicação na prática educativa, por meio de atividades mais ativas, permite ao educando criar interações com o mundo ao seu redor e com o conhecimento em sala de aula, além de transformar o currículo prescrito pelos significados atribuídos nesse contexto. Com efeito, a integração das tecnologias de informação e comunicação (TICs) ao currículo amplia os espaços educativos, modificam o tempo e transformam a relação entre o conhecimento e os processos de ensinar e aprender.

O uso da robótica na educação é tradicionalmente associado com a matemática e as ciências. Entretanto, a tecnologia (robótica) não pode ser usada apenas com o objetivo de reproduzir pequenos engenheiros, matemáticos ou cientistas. Precisamos permitir que o educando desenvolva ao mesmo tempo tanto a fluência tecnológica,[1] que nos ajuda a entender o mundo de bits e átomos, quanto a visão de que a tecnologia pode ser usada para criar um mundo melhor.

Nesse sentido, pensar as bases da integração da robótica na educação básica é refletir sobre a dimensão socioemocional do ser humano. Essa dimensão considera que a tecnologia permeia a vida do homem, tornando-se parte da infância das crianças de hoje. Por isso, os alunos precisam participar de atividades que não só os ajudem a se tornarem melhores em matemática e nas ciências, mas também a contribuírem de maneira positiva para eles mesmos, para sua comunidade e para o mundo.

O conceito de desenvolvimento tecnológico positivo (DTP) - em inglês, positive technological development -, apresentado por Bers (2007), está diretamente relacionado com o trabalho da robótica na educação. Segundo suas considerações, está relacionado ao letramento e à fluência com o computador, com foco no desenvolvimento cognitivo e na dimensão socioemocional.

Assim, os programas curriculares que usam as tecnologias sob a ótica do conceito de DTP, apresentado anteriormente, devem contribuir com o aprendizado dos alunos em relação aos seguintes aspectos, conforme explicitado por Bers (2007, p. 78): *competência* em empreendimentos intelectuais e na

---
[1] Essa ideia quer dizer permitir que os alunos possam se expressar criativamente por intermédio da tecnologia.

aquisição da literacia computacional e a fluência tecnológica; *confiança* em seu próprio potencial de aprendizado por meio da tecnologia e da habilidade de resolver problemas técnicos; *cuidado* com os outros, expressado por intermédio da tecnologia, para engajarem-se no processo de colaboração e ajudar uns aos outros quando necessário; *conexão* em pares ou com adultos para usar a tecnologia, no sentido de formar comunidades presenciais e virtuais, além de redes de suporte sociais; *caráter* para se afastar de seus próprios valores, ter respeito com os valores dos outros e assumir o uso responsável da tecnologia; e *contribuição* em conceber formas positivas de uso da tecnologia, a fim de construir ambiente de aprendizado, uma comunidade e uma sociedade melhor.

Essas considerações podem sustentar a construção de um ambiente significativo de aprendizagem, que usa recursos tecnológicos desde o desenvolvimento do currículo e a concepção de metodologias ativas, até a interdisciplinaridade. No caso do uso da robótica como recurso tecnológico na aprendizagem da educação básica, precisamos considerar alguns aspectos pertinentes na integração das tecnologias ao currículo.

Desenho de currículo para robótica educacional

Quando utilizamos a expressão integração ao currículo, estamos nos referindo a uma relação entre currículo e robótica como recurso tecnológico, e não apenas ao seu uso para a transmissão de conteúdo e a consequente adequação ao processo de aprendizagem tradicional. É preciso, sim, um profundo repensar das práticas pedagógicas e de todos os aspectos que envolvem a integração desse recurso ao currículo.

Consideramos a perspectiva da integração da robótica ao currículo de forma ampla, podendo se dar tanto no quadro curricular propriamente dito, quanto em projetos no período à parte do horário escolar. Contudo, priorizamos a integração da robótica no currículo, pois os projetos extracurriculares possuem características peculiares, que permitem maior flexibilidade em seu desenvolvimento.

De fato, observamos que a integração da robótica no currículo da educação básica é complexa, envolvendo aspectos didático-pedagógicos e administrativos em relação aos seus objetivos e propostas.

É importante destacar que esse recurso tecnológico possui características que influenciam diretamente na integração no currículo. Como a robótica não é como o computador, que condensa diversas mídias em um único instrumento, os itens que, agregados, definem a robótica como recurso tecnológico, demandam conhecimentos específicos (como programação, montagem, etc.), o que dificulta a formação docente, por exemplo.

Assim, um aspecto importante, que interfere diretamente na integração da robótica ao currículo, é a necessidade de as instituições escolares possuírem em seus quadros educadores que conheçam a robótica em todas as suas características, a saber: conjuntos disponíveis no mercado, montagem e encaixe de peças, linguagem de programação, etc.

Quando falamos em educadores, não estamos nos referindo a profissionais especializados em computação ou robótica/mecatrônica, que por sua formação possuem os conhecimentos específicos ligados aos materiais de robótica, mas, sim, aos docentes em geral, coordenadores e gestores educacionais.

Nesse sentido, entendemos que as instituições escolares, em sua maioria, não dispõem destes profissionais exclusivos para desenvolver projetos de integração da robótica ao currículo, tornando esse processo ainda mais complexo, haja vista que em geral os docentes responsáveis pela robótica têm sua formação nas ciências (exatas e biológicas).

Além disso, os gestores educacionais não têm formação específica (e muitas vezes nem o mínimo de conhecimento), assim como os docentes, o que leva à necessidade de formação continuada. No entanto, poucas são as empresas especializadas em cursos que envolvam as especificidades da robótica (treinamento em programação e conhecimento dos materiais), o que torna a integração desse recurso ainda mais difícil. Esse desconhecimento limita a integração da robótica, de modo que propicie a construção do conhecimento de forma significativa.

A integração da robótica ao currículo é bem diferente do treinamento técnico-específico, exigindo de docentes a formação continuada e em serviço, tanto em conhecimentos específicos quanto em conhecimentos didático-pedagógicos.

Soma-se a esse aspecto o fato de existirem no mercado educacional projetos de integração da robótica que apresentam soluções prontas e fáceis aos gestores e docentes despreparados, com materiais didáticos que direcionam todas as etapas das atividades da robótica no processo de aprendizagem, o que limita a criatividade e as possibilidades de construção de conhecimento por parte dos alunos. Assim, a robótica tem sido incorporada ao currículo das escolas sem a devida reflexão e preparação.

Outra questão importante é a relação entre a necessidade de formação continuada dos docentes e o planejamento pedagógico para a robótica, incluindo os conteúdos e as atividades a serem trabalhadas ao longo do ano letivo. Um elemento relevante desse aspecto reside no fato de que as instituições educacionais, em geral, não têm o direcionamento sobre o que ensinar em relação à robótica, ou como relacionar qualquer conteúdo a essa nova tecnologia, e assim tomam caminhos distintos em relação à escolha de materiais didáticos e conteúdos para esse componente.

Com efeito, esse é um dado fundamental quando falamos sobre a integração da robótica ao currículo. Diferentemente de saberes como matemática, história e geografia, que tradicionalmente foram constituindo o currículo escolar, com conteúdos estruturados para cada ano letivo, a robótica não tem essa estrutura, o que abre caminho para uma diversidade de conteúdos didático-pedagógicos que, em nossa opinião, não favorece a integração da robótica ao currículo.

Para exemplificarmos essa afirmação, podemos pensar em escolas que têm como base para o planejamento do currículo em robótica os conceitos de tecnologia ligados diretamente aos materiais deste recurso tecnológico, como a aprendizagem da programação e do uso dos sensores e motores. Nesse caso, as escolas demonstram dificuldades em agregar conhecimentos das distintas áreas que compõem o currículo escolar, bem como a formação de conceitos científicos.

Outro exemplo são as instituições que privilegiam conteúdos vinculados aos saberes escolares (ciências, matemática, física, etc.), o que limita a aprendizagem tecnológica que mencionamos anteriormente.

Pensar a integração da robótica ao currículo é levar em consideração as bases para o direcionamento dos conhecimentos e habilidades a serem trabalhados. Assim, acreditamos ser indispensável pensar o currículo em robótica na perspectiva de três eixos, a saber: a ciência, a tecnologia e os saberes, conforme apresenta a figura 2:

Figura 2 - Modelo de currículo integrado em robótica

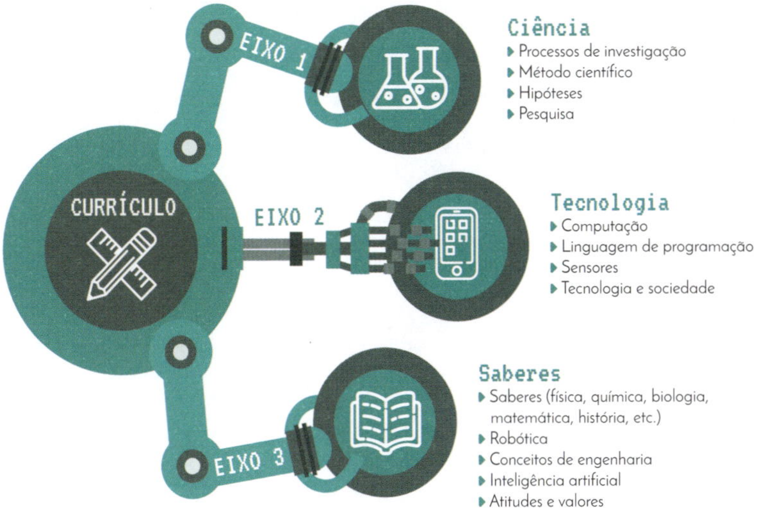
EIXO 1
CURRÍCULO
EIXO 2
EIXO 3
Ciência
Processos de investigação
Método científico
Hipóteses
Pesquisa
Tecnologia
Computação
Linguagem de programação
Sensores
Tecnologia e sociedade
Saberes
Saberes (física, química, biologia, matemática, história, etc.)
Robótica
Conceitos de engenharia
Inteligência artificial
Atitudes e valores

DNA da interdisciplinaridade
Envolve a organização do currículo, sendo referência para os três eixos e produzindo sentido para a articulação dos diferentes saberes e além.

Esses são aspectos que precisam orientar o desenho de currículo de robótica nas instituições e a sua integração de forma significativa, tendo como referência a construção do conhecimento e a autonomia dos alunos no processo de ensino-aprendizagem.

Na ciência, são centrais elementos como o processo de investigação, pesquisa, hipótese, método científico, entre outros. Esse eixo contribui para um currículo pautado pela imersão do aluno em um processo de investigação do fenômeno estudado, de pesquisa e de teste de hipóteses.

Em relação à tecnologia, precisamos considerar o conhecimento do funcionamento de peças, como sensores e motores, além da eletrônica, da linguagem de programação, do próprio campo da computação e dos avanços da tecnologia (enquanto artefato tecnológico).

Por fim, em relação aos saberes, é preciso contemplar não só os escolares (física, português, história, ciências, matemática, etc.), mas também aqueles referentes à robótica, à engenharia, à inteligência artificial, à criatividade e ao pensamento computacional, bem como atitudes e valores, como trabalho em equipe, aprendizagem colaborativa, entre outros.

A organização desses três eixos se dá pelo que chamamos de DNA da interdisciplinaridade, fazendo referência a todo o processo de produção de conhecimento, constituindo-se não como a simples inter-relação entre saberes, mas a constituição concreta de todo o conhecimento produzido na realização de uma atividade ou projeto.

Com isso, queremos dizer que a interdisciplinaridade é a própria produção de sentido de todo o processo, e não somente a mistura de áreas do saber em torno de um tema/projeto. Essa definição amplia as interconexões e produz conhecimento que antes não existia, envolvendo aspectos da filosofia, da antropologia e da sociologia (FAZENDA, 2010).

Considerando esse contexto, o currículo para robótica poderá contribuir para um processo de ensino-aprendizagem emancipador tanto para os alunos quanto para docentes. Normalmente, encontramos desafios para concretizar esses aspectos no dia a dia da educação escolar, haja vista a relação tempo/espaço, os recursos disponíveis, a formação docente, entre outros.

Integrar a robótica ao currículo é fundamental, pois, além de ser um recurso tecnológico que permite a participação ativa do aluno na construção do conhecimento, ela tem potencial para contribuir com o desenvolvimento de projetos que visam à emancipação dos sujeitos, tanto em relação à aprendizagem de conceitos complexos quanto ao desenvolvimento de competências do século XXI.

Além disso, a robótica contribui não somente para a construção de um currículo multirreferenciado, que considera tanto os conteúdos historicamente constituídos quanto os contextos particulares de cada instituição, não só para o desenvolvimento dos projetos pedagógicos, mas também para o fortalecimento de uma cultura de uso da tecnologia na educação, tendo como base a autonomia e a emancipação dos alunos nos processos de ensino-aprendizagem.

Não se trata, portanto, de simplesmente acrescentar o componente de robótica ao quadro curricular apenas porque é interessante, para conquistar novos alunos ou para ampliar a divulgação da escola, tampouco utilizar esse recurso tecnológico apenas em alguns momentos durante o ano letivo, como parte de alguns componentes de ciências ou matemática.

A *criatividade*, no contexto da integração da robótica ao currículo, destaca-se como outro elemento fundamental. Projetos que procurem integrar essa tecnologia sem contemplar atividades que permitam aos alunos criarem em todas as etapas descritas estão limitados a apenas incorporar, de forma superficial, a robótica.

Assim, durante as etapas de uma atividade de robótica, os alunos precisam exercer a criatividade. Eles não podem, por exemplo, receber modelos de montagens prontos, mas precisam construir o dispositivo com base no desafio proposto no início da atividade. Precisam criar a programação do dispositivo, em vez de recebê-la pronta para apenas testá-la.

Nesse sentido, a criatividade deve permear a ação do educando durante todas as etapas de uma atividade de robótica, para potencializar ao máximo o alcance desse recurso tecnológico no processo de ensino-aprendizagem, garantindo assim a integração da robótica ao currículo de forma significativa.

Com efeito, integrar a robótica ao currículo significa considerar o que foi exposto anteriormente, articulando a formação docente inicial e em serviço com uma proposta pedagógica que tenha como base as etapas necessárias para o desenvolvimento de atividades com robótica, conforme destacaremos no próximo capítulo.

Portanto, integrar a robótica ao currículo da educação básica significa considerar os elementos aqui destacados em uma perspectiva da aprendizagem significativa e motivadora, garantindo a emancipação do aluno como sujeito ativo do processo de ensino-aprendizagem, ao destacar a ação mediadora do docente, para potencializar esse processo com o uso das tecnologias de maneira eficaz.

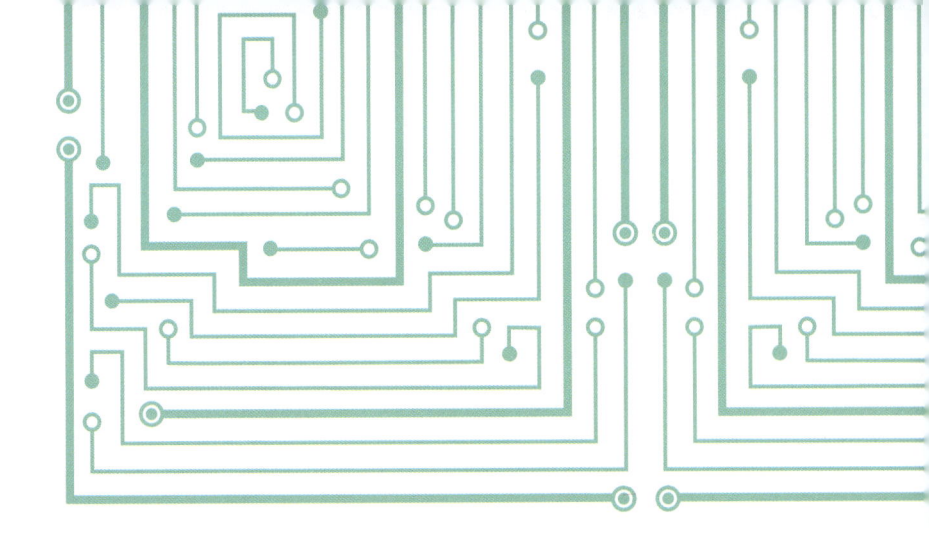

5. O professor e a sala de aula com robótica educacional: design de engenharia, práticas e projetos

Apresentaremos a seguir, as etapas necessárias para o desenvolvimento de atividades e projetos de robótica educacional, considerando o trabalho do professor, a organização pedagógica da sala de aula e o papel do aluno no processo de ensino-aprendizagem.

Para proporcionar aos alunos uma participação ativa em todo o processo, as etapas de uma atividade de robótica educacional são apresentadas na figura 1.

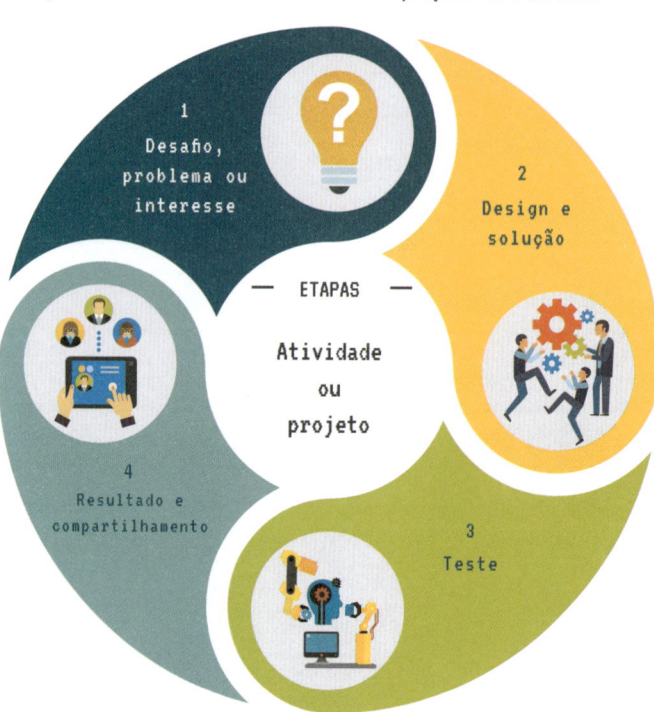

Figura 1 – Ciclo de uma atividade ou projeto de robótica

ETAPAS
Atividade ou projeto

1. Desafio, problema ou interesse
2. Design e solução
3. Teste
4. Resultado e compartilhamento

A figura anterior representa, com base em um currículo proposto, as etapas de uma atividade ou projeto de robótica. Em uma atividade, essas etapas podem acontecer a fim de priorizar algum momento em detrimento de outro, dependendo do momento em que acontecem. No caso de escolas ou instituições que trabalham por projetos durante o ano letivo, eles geralmente se estendem por várias aulas ou até mesmo meses. Consequentemente, a condição de execução de cada etapa é ampliada, o que facilita o desenvolvimento completo de cada uma delas.

Na primeira etapa, consideramos três possibilidades para o início da atividade ou projeto de robótica: um desafio proposto, um problema ou até mesmo um interesse do aluno ou grupo. Esses três caminhos dependem da escolha do docente e do planejamento didático, e consideramos importante a utilização de todos eles durante o ano letivo para contemplar também o interesse pessoal dos alunos. Na introdução da atividade ou projeto, algumas estratégias podem ser utilizadas para potencializar a atividade, como: apresentar desafios ou problemas em forma de histórias, questões da atualidade, em forma de perguntas, entre outros.

A segunda etapa destaca a fase em que os alunos irão desenvolver soluções com base no que foi proposto. Aqui os alunos trabalham tanto a solução de engenharia do dispositivo, e sua consequente construção, quanto a programação necessária para executar uma ação ou tarefa. Nessa fase, a relação tempo/espaço pode ser bastante desafiadora, dependendo da duração da atividade ou do projeto a ser realizado.

Quando uma atividade de robótica tem duração de cinquenta minutos, por exemplo, os alunos não conseguem dedicar tempo suficiente ao design do dispositivo e à linguagem de programação, o que geralmente implica utilizar montagens preestabelecidas e até mesmo programações prontas. Quando os alunos podem trabalhar por várias aulas ou até meses num projeto, o tempo para o design e programação amplia-se, fazendo com que os processos de investigação e pesquisa, por exemplo, façam parte do trabalho.

Nesse caso, o desafio volta-se para a questão de infraestrutura e material, haja vista que, dependendo do número de alunos da instituição, e considerando que os grupos deveriam ter cada um seu conjunto de peças, o orçamento para obtenção dos kits, ou até mesmo o número de laboratórios disponíveis, podem ser empecilhos para o melhor aproveitamento da robótica e sua integração ao currículo.

A terceira etapa consiste em testar a solução escolhida e desenvolvida, verificando possíveis ajustes tanto no design quanto na programação do dispositivo.

Por fim, a quarta etapa define a finalização do projeto realizado, permitindo aos alunos compartilhar os resultados com outros colegas.

Um fator que compromete a integração da robótica ao currículo é a relação tempo/espaço alocados para o desenvolvimento das atividades nas escolas. Em geral, as escolas que têm em seu quadro curricular a robótica normalmente trabalham com aulas de cinquenta minutos. Nesse contexto entendemos ser difícil integrar a robótica ao currículo, pois as etapas que descrevemos anteriormente não podem ser desenvolvidas plenamente, o que prejudica o processo. Como exemplo, imaginemos o desenvolvimento de uma atividade de robótica em que os alunos precisam fazer o design do objeto, construir o dispositivo, criar a programação testar e compartilhar as soluções, tudo durante os cinquenta minutos de aula.

Grande parte das escolas não tem espaços dedicados à robótica, ou seja, ambientes que facilitam o desenvolvimento das atividades, com bancadas, computadores e conjuntos de materiais específicos que colaboram para o bom andamento dos projetos. O que acontece é que a robótica acaba sendo utilizada em espaços pequenos, muitas vezes ainda vinculada aos ambientes de informática, dificultando a locomoção dos alunos e encurtando os espaços para a construção dos dispositivos, o que prejudica significativamente a integração da robótica ao currículo.

Obviamente, o tempo também não é suficiente, o que torna a integração da robótica limitada em todos os sentidos, haja vista que uma ou mais etapas ficam comprometidas. No caso de projetos desenvolvidos em programas no período oposto, embora o tempo seja razoavelmente suficiente, pois as atividades acontecem em horário diferente ao que os alunos estudam, os projetos são desenvolvidos isoladamente do currículo planejado e da proposta pedagógica, além de serem geralmente frequentados apenas por aqueles que mais se identificam com a robótica.

Essa relação de tempo e espaço está ligada diretamente a questões de gestão das instituições, pois os custos envolvendo docentes, conjuntos de montagem, horário de aula e adequação ao quadro curricular impedem uma reflexão sobre as necessidades relacionadas à integração da robótica ao currículo.

Esse fato é relevante em atividades em que os alunos desenvolvem um projeto em todas as suas etapas, com tempo suficiente e com um conjunto de robótica separado para o grupo, o que permite construir o dispositivo ao longo de alguns dias. Isto, aliás, é fundamental, já que quando as aulas têm duração de cinquenta minutos, os alunos têm pouco tempo para construir o dispositivo, que ainda precisa ser desmontado para que a próxima turma possa trabalhar com o kit também.

Assim, podemos dizer que a disponibilidade dos materiais para a construção dos dispositivos é relevante para a integração da robótica ao currículo. Quando as instituições não têm um número suficiente de materiais de robótica, dificilmente possibilitam o desenvolvimento de projetos em longo prazo para todos ao mesmo tempo.

Em suma, pensar a integração da robótica ao currículo é considerar a educação para a ciência, a tecnologia e os saberes, considerados elementos fundamentais para o planejamento didático-pedagógico dos docentes e gestores educacionais em relação ao currículo.

Outros pontos relevantes a serem considerados são as etapas estruturantes das atividades e dos projetos como um todo, o papel do docente em relação a essas etapas (seleção de conteúdos e planejamento pedagógico) e a gestão de responsabilidade da instituição, o que inclui um ambiente propício para a robótica e os materiais disponíveis para o desenvolvimento dos projetos, além de cursos de formação continuada para docentes e gestores. Para tanto, apresentamos a seguir um quadro que sintetiza essa relação:

Quadro 1 – Relação entre macroetapas, docência e escola

Macroetapas	Docente	Escola/gestão
Desafio/ problema/ interesse	Conteúdos/ planejamento	Relação tempo/ espaço
Design/ solução	Mediação/ mobilização	Materiais de robótica
Teste	Orientação	Formação docente
Resultado/ compartilhamento	Sistematização/ organização	Relação tempo e espaço/ disponibilização

Fonte: adaptado de Campos (2011).

As quatro etapas de uma atividade ou projeto de robótica constituem a complexidade do trabalho pedagógico com esse tipo de recurso. Na segunda etapa, o design e a solução concentram grande parte do tempo utilizado pelos alunos no desenvolvimento do que foi proposto.

A seguir, apresentamos o detalhamento das quatro etapas de uma atividade ou projeto de robótica abordadas, sendo elas:

- desafio, interesse ou problema;
- pesquisa;
- planejamento e desenvolvimento de possíveis soluções;
- escolha da melhor solução;
- construção do protótipo;

- teste e avaliação da solução; e

- comunicação e compartilhamento da solução.

A figura a seguir representa essas etapas:

Figura 2 – Processo de design de engenharia (design do protótipo)

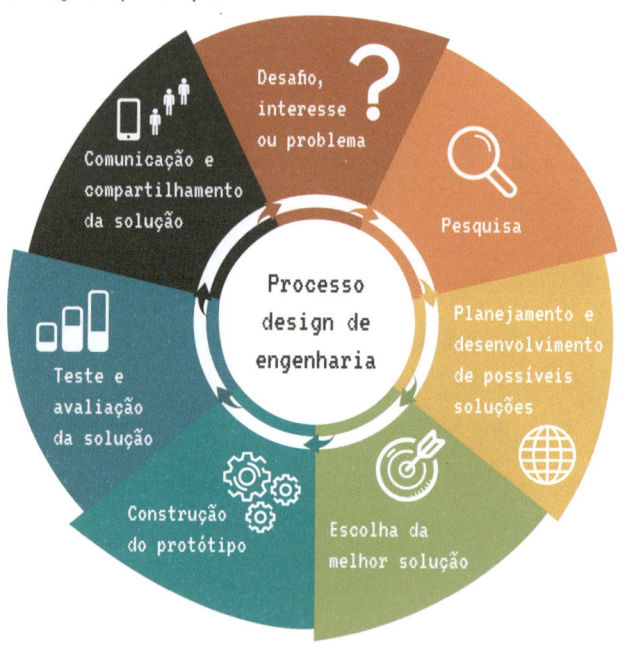

(Diagrama circular "Processo design de engenharia" com as etapas: Desafio, interesse ou problema; Pesquisa; Planejamento e desenvolvimento de possíveis soluções; Escolha da melhor solução; Construção do protótipo; Teste e avaliação da solução; Comunicação e compartilhamento da solução.)

A organização dessas fases dentro das macroetapas constitui-se elemento importante para o trabalho pedagógico.

A fase em que se inicia uma atividade ou um projeto de robótica na aprendizagem é o desafio, interesse ou problema. Em geral, o docente apresenta aos alunos um desafio a ser realizado, ou um problema a ser resolvido, e a partir daí os alunos começam a atividade ou o projeto propriamente dito.

A premissa dessa etapa é que o desafio, problema ou interesse proposto aos alunos não pressuponha modelos de protótipos prontos, ou seja, que os alunos não recebam em mãos o passo a passo de objetos que devem ser reproduzidos por eles nas montagens. Assim, essa etapa enfatiza a liberdade, para que os alunos possam criar dispositivos (protótipos) de acordo com seus interesses, conhecimentos e procedimentos que considerem adequados ao desafio ou problema proposto.

A etapa do desafio, interesse ou problema se constitui com a apresentação de um tema gerador da atividade a ser desenvolvida e desdobra-se em múltiplos caminhos de pesquisa e investigação, ampliando as perspectivas do aluno em desenvolver competências pertinentes à proposta inicial da atividade.

Para exemplificar essa perspectiva, podemos citar uma atividade de robótica que tenha como tema gerador o meio ambiente. Assim, o docente apresenta um desafio aos alunos, para que construam um dispositivo móvel com um braço robótico que faça a coleta seletiva de lixo, tendo como objetivo uma reflexão sobre reciclagem, questões sociais e consumismo, por exemplo.

O tema do meio ambiente, que está no cerne da atividade, desdobra-se em tópicos de diferentes áreas como engenharia, física e matemática (para desenvolver o dispositivo e o braço robótico), programação e raciocínio lógico (linguagem que comanda o dispositivo), ética (relação do ser humano com o meio ambiente) e políticas urbanas (relação da população com a organização pública).

Obviamente que, se a robótica for adotada como proposta de oficinas[1] nas instituições de ensino, algumas características serão diferentes da proposta de disciplina no currículo, como a relação tempo e espaço, a complexidade no desenvolvimento do projeto e até mesmo na etapa do design. Por exemplo, nas oficinas, os alunos dispõem de conjuntos que são exclusivos e, portanto, podem desenvolver o projeto semanalmente, sem a necessidade de desmontar o protótipo em criação. Contudo, essas peculiaridades não indicam a necessidade de pensarmos etapas diferentes para o uso da robótica educacional.

A etapa da pesquisa pode ser iniciada ao mesmo tempo que o desafio é proposto, permitindo aos alunos levantar todas as informações necessárias sobre a temática da atividade ou projeto, utilizando a internet e/ou outros recursos.

O processo de investigação se dá na medida em que os alunos identificam o desafio, interesse ou problema proposto e iniciam um processo de busca de informações relacionadas a ele. Esse processo é relevante, pois os alunos procuram construir relações entre o conhecimento que possuem e as novas informações que buscam em diferentes fontes, tendo em vista os objetivos a serem alcançados.

---

[1] As oficinas podem ser consideradas as atividades de robótica que acontecem no horário oposto ao que o aluno cursa as disciplinas do quadro curricular.

Na prática, tomando o exemplo da atividade do meio ambiente, os alunos poderiam pesquisar os saberes envolvidos em livros, internet, jornais, revistas, etc., além de contarem com a participação do docente em uma exposição dialogada inicial sobre os conceitos relevantes. Nesse sentido, os alunos começam a sistematizar suas ideias sobre os possíveis caminhos a serem percorridos para alcançar os objetivos da atividade.

Neste momento, embora possamos afirmar que o ideal seria promover tempo para pesquisa e busca de informações, favorecendo a construção do conhecimento, o que geralmente acontece nas instituições de ensino é a simples exposição com exercícios sobre os conceitos, seguida do processo de construção do dispositivo.

Portanto, em lugar de simplesmente elucidar conceitos que vão ser discutidos durante a atividade, por meio de exposição, precisamos que este processo seja o mais engajador possível, garantindo ao aluno a reflexão sobre o conhecimento existente e o conhecimento científico implícito na proposta da atividade e do que será construído, ou seja, é preciso despertar a curiosidade epistemológica dele.

Com base na pesquisa e no desafio proposto, os alunos seguem para o planejamento e o desenvolvimento da solução. Nesta etapa, cada aluno pode propor um design de engenharia para a solução individualmente, segundo suas ideias. Esse design é importante, uma vez que exercita a proposição de diferentes caminhos, instrumentalizando os alunos para estruturar seus projetos fundamentado em um design inicial.

O interessante desta etapa é a possibilidade que os alunos têm de se aprofundar sobre as partes, os mecanismos e as peças de sua montagem. A partir do design inicial e durante a atividade ou projeto, os alunos podem comparar o protótipo desenvolvido com suas proposições iniciais. Com efeito, o feedback sobre as discussões, reflexões e decisões tomadas pelos alunos aparece de forma incisiva quando temos a oportunidade de fazer o design do protótipo como recurso anterior à construção em si.

Com base nas soluções propostas, os alunos selecionam aquela que melhor atende aos objetivos do desafio e, então, iniciam a construção física do protótipo. Essa etapa normalmente é a que mais demanda tempo dos alunos, que constroem seus protótipos tendo em vista os objetivos e os desafios da atividade, contando com o componente de criatividade.

Além disso, podemos observar que muitos se preocupam com a aparência do objeto que está sendo construído. Assim, a estética do dispositivo é algo fundamental, pois envolve um aprimoramento da percepção e da observação dos alunos, sob a perspectiva da criatividade e suas funcionalidades.

Nas instituições de ensino em que a robótica educacional acontece em atividades semanais, por exemplo, com duração média de 1h30, a etapa de design físico compreende também a programação do objeto a ser construído, que irá executar a ação determinada pela linguagem.

Para finalizar esta etapa, temos a programação do dispositivo construído. Como elemento fundamental, o objeto produzido pelos alunos precisa de uma interface, para que possa operar de forma autônoma ou ligado ao computador por algum tipo de conexão.

Assim, não basta construirmos um dispositivo, pois precisamos dar-lhe a condição de executar a tarefa à qual está designado para cumprir, atingindo assim os objetivos da atividade em questão. Para tanto, o dispositivo utiliza uma linguagem de programação para identificar o que lhe é designado pelo aluno, que envia a informação por meio de infravermelho, cabo USB ou paralelo, ou até bluetooth, para executar uma determinada ação.

Essa etapa é um dos desafios da escola que busca integrar a robótica ao currículo. Isto porque os alunos precisam construir conhecimento sobre a linguagem de programação para poderem participar das atividades propostas de forma ativa. Com isso, podemos dizer que o desafio se encontra em como possibilitar que o educando aprenda a linguagem de programação durante o desenvolvimento das atividades.

No teste, assim que os alunos finalizam seu protótipo e também a linguagem de programação criada para executar o desafio, passa-se a testar a solução. Nessa etapa, verifica-se a existência de inconsistências no projeto, seja no design ou na programação.

Os alunos verificam se o seu dispositivo alcança os objetivos propostos no início da atividade e, se a resposta for positiva, passam para a etapa seguinte. Caso surja algum problema na resolução do desafio, seja na construção do dispositivo, seja na programação da ação proposta, os alunos entram na etapa de reconstrução, na qual verificam seus erros e refazem o percurso que está com problemas.

A etapa final consiste em compartilhar como um todo as soluções de cada grupo de trabalho. Assim, essa etapa é fundamental para que os alunos compartilhem a maneira como desenvolveram suas soluções para o desafio.

Compartilhar aqui significa fazer com que os alunos tenham a possibilidade de aprender em grupo, e não somente apresentar o que foi feito individualmente. Discutir sobre suas soluções, compartilhar com a comunidade e com outros colegas, da mesma faixa etária ou não, faz-se necessário quando utilizamos a robótica como recurso tecnológico. Assim, ao expor sua solução, cada grupo tem a oportunidade de pensar sobre ela, e esse processo de reflexão sobre o próprio fazer também propicia a aprendizagem.

Nesta perspectiva, cabe ao docente identificar os conceitos implícitos nas soluções e ajudar os alunos a formalizá-los, colaborando assim para a transformação do conhecimento do senso comum para o conhecimento científico.

Conforme as etapas destacadas anteriormente, precisamos considerar que a robótica cria um espaço único para a integração da educação científica, tecnológica e interdisciplinar. Tomando a atividade de meio ambiente como exemplo, ao vivenciar a atividade, os alunos têm contato com conceitos científicos, como o próprio processo de investigação, assim como engrenagens, força e movimento. Além disso, temos o contato com conceitos tecnológicos, como o funcionamento de sensores, o controle de dispositivos robóticos e a própria linguagem de programação. Por fim, temos também o contato com saberes como a geografia, a história, a biologia, etc., além do trabalho em grupo e a linguagem.

As atividades de robótica na sala de aula podem ser desafiadoras para o professor, seja ele um docente especialista em computação, seja um docente polivalente com formação em educação, haja vista a articulação de diferentes aspectos e saberes relacionados ao uso dessa tecnologia.

Na sala de aula com robótica, conhecimentos relacionados à programação do robô/dispositivo, aos conceitos de engenharia e eletrônica, e aos conjuntos de robótica, entre outros, integram-se aos conhecimentos pedagógicos inerentes à profissão docente e ao universo do processo de ensino-aprendizagem. Além disso, utilizar a robótica na prática pedagógica implica organizar os alunos em grupos de trabalho, com base nos materiais e conjuntos de robótica e no tempo da aula/atividade disponíveis.

As atividades em sala de aula com carga horária inferior a 50 minutos normalmente exigem do professor planejamento sobre a etapa de pesquisa e conhecimento do desafio proposto por parte do aluno, que preferencialmente devem acontecer antes da aula de robótica propriamente dita. Nesses casos, uma alternativa pode ser explorar com os alunos o desafio e a pesquisa antes do desenvolvimento da atividade e do robô, tendo assim mais tempo para se construir o protótipo, fazer a programação e compartilhar as soluções.

Quando a aula com robótica tem carga horária igual ou superior a 1h40, ou é desenvolvida em projetos bimestrais ou trimestrais, o planejamento das atividades e todo o processo de execução permitem ao docente explorar as etapas com maior fluidez.

Outro ponto importante é a organização dos alunos em grupos de trabalho durante a aula com robótica. Principalmente na educação infantil e nos anos iniciais do ensino fundamental, os alunos tendem a querer desenvolver projetos individuais e a monopolizar as peças dos conjuntos de robótica.

Nesse sentido, é importante que o professor possa, desde a educação infantil, estimular o trabalho coletivo e o desenvolvimento de um protótipo do grupo, a fim de fomentar a colaboração e o desenvolvimento de competências socioemocionais. Uma dica para esse processo pode ser estimular a articulação entre os alunos no grupo, fazendo com que, em cada atividade, eles alternem suas funções e tarefas, por exemplo: engenheiro (quem construirá o robô), programador, organizador de peças e comunicador.

Embora essa articulação de tarefas pelo grupo seja uma opção, as práticas pedagógicas podem variar, desde professores que designam tarefas a cada aluno, revezando funções no decorrer das atividades, ou professores que abrem espaço para articulação dentro de cada grupo, até aqueles que permitem que os alunos façam todas as etapas de maneira conjunta.

O processo de avaliação também é importante, pois o professor precisa considerar o design do aluno, sua interação durante a atividade, a realização do desafio, o robô construído, entre outros aspectos. Assim, é indispensável estabelecer critérios bem definidos e considerar a criatividade para o desenvolvimento de atividades inovadoras com robótica.

Práticas e projetos: exemplos de atividades com robótica educacional

Exemplo 1 - Programas em contraturno

Os programas de robótica educacional que funcionam em horário oposto ao que alunos estudam, em alguns casos chamados de clube de robótica, são geralmente espaços em que participam alunos com interesse em tecnologia e programação.

Por se tratar de horário separado para o desenvolvimento de atividades, os projetos desenvolvidos utilizam normalmente conjuntos dedicados e tendem a promover a aprendizagem em projetos complexos. A carga horária pode variar, pois existem escolas que trabalham com aulas de 50 minutos e outras com períodos de até 3 horas semanais.

Um ponto importante desse tipo de programa é que os alunos podem desenvolver projetos com duração mais ampla, por semanas e até meses. Assim, é possível desenvolver projetos com diferentes tipos de complexidade e, dependendo dos recursos disponíveis, aprofundar o manuseio do robô construído.

Projeto

Armadura do Homem de Ferro

Tema (escolhido pelos alunos):
Armadura do Homem de Ferro.

Objetivo:
Desenvolver uma réplica da armadura do personagem de história em quadrinhos, Homem de Ferro, considerando os movimentos flexíveis e articulações, bem como o funcionamento da luz do núcleo de energia.

Materiais utilizados:
Knex e LEGO NXT.

Conteúdos trabalhados:
Estruturas rígidas e flexíveis; articulações; corpo humano; sensor de movimento; linguagem de programação.

Duração:
2 horas semanais por 2 meses.

Alunos:
Ensino médio.

Etapa 1 - Escolha do tema e pesquisa

- Após a escolha do tema, os alunos fizeram uma pesquisa sobre o personagem, sobre conceitos de física e engenharia relacionados às articulações artificiais e outros assuntos relevantes.

- Realizaram duas semanas de pesquisa e discussão do projeto, antes de começarem a construir o protótipo.

Etapa 2 - Design da solução e construção do protótipo

- Os alunos fizeram o design do protótipo a ser construído, com ênfase nas principais partes da montagem.

- Com base no design, os alunos passaram a construir o protótipo, avançando a cada semana.

- Durante a construção, os cinco alunos do grupo partiram para a divisão de tarefas, por exemplo, alguns cuidando dos membros inferiores da armadura.

Etapa 3 - Teste

- Ao finalizar o projeto, os alunos testaram o protótipo da armadura, comparando com os objetivos iniciais.

Etapa 4 - Compartilhamento

- Os alunos demonstraram o funcionamento da armadura em uma mostra de ciências.

Figura 3 - Armadura do Homem de Ferro

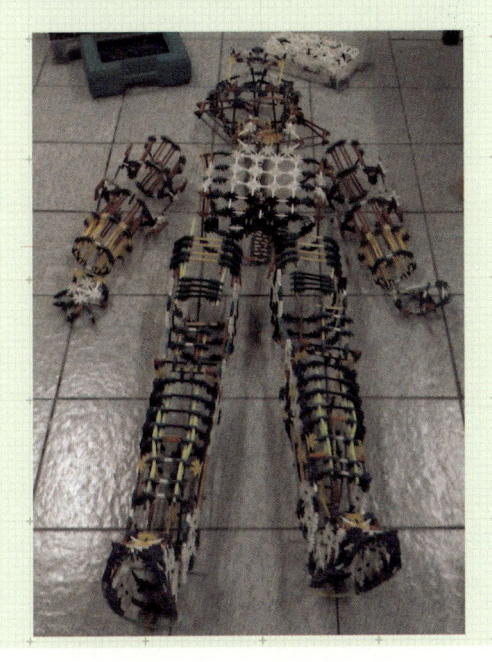

Dicas

Ao organizar projetos de robótica em contraturno, é importante:

- desenvolver projetos que envolvam mais de uma atividade, com desafios e objetivos com progressão da complexidade;

- envolver pesquisas e processos de investigação temática com fontes de informação diferentes (internet, museus, fábricas, etc.);

- dispor de materiais de robótica com dedicação exclusiva aos alunos;

- em caso de o programa ser em formato de curso, é importante que as propostas de atividades e o currículo tenham sua estrutura pensada na evolução de conhecimentos ao longo dos anos.

Exemplo 2 – Projetos em feiras e mostras de ciências

Em muitas escolas, a robótica educacional tem sido utilizada para o desenvolvimento de projetos a serem apresentados em feiras ou mostras de ciências, seja como parte de experiências do currículo ou de programas em contraturno.

A possibilidade de apresentar um projeto de robótica em mostras ou feiras para a comunidade escolar é positiva, haja vista que os projetos permitem aos alunos aprofundarem-se sobre uma temática e produzir conhecimentos complexos. Além disso, em muitos casos, os alunos tendem a formar grupos de diferentes idades e em diferentes anos escolares, o que proporciona um processo de aprendizagem ainda mais relevante.

Projeto

Torre Eiffel

Tema (escolhido pelos alunos):
Torre Eiffel.

Objetivo:
Recriar a Torre Eiffel, incluindo um elevador acionado por sensor.

Materiais utilizados:
Knex e LEGO NXT.

Conteúdos trabalhados:
Edificações; física mecânica; elevadores e seu funcionamento; sensor de movimento; linguagem de programação.

Duração:
4 horas semanais por 2 meses.

Alunos:
9º ano do ensino fundamental e ensino médio.

Etapa 1 – Escolha do tema e pesquisa

- Os alunos formaram grupos (9º ano e ensino médio) e escolheram o tema.

- Fizeram uma pesquisa sobre a torre, procurando uma imagem que pudesse servir de modelo para a construção do protótipo, bem como sobre os aspectos técnico-operacionais.

- Os alunos se reuniram durante as primeiras duas semanas para planejar a criação da torre (em média 3 horas semanais).

Etapa 2 – Design da solução e construção do protótipo

- Os alunos fizeram o design do protótipo a ser construído, com ênfase nas principais partes da montagem.

- Com base no design, os alunos passaram a construir o protótipo, avançando a cada semana.

- Durante a construção, os alunos dividiram as tarefas entre si, uns cuidando das partes da torre e outros da programação do elevador.

Etapa 3 – Teste

- Ao finalizar o projeto, os alunos testaram o protótipo do elevador da torre, ajustando alguns problemas das engrenagens do motor.

Etapa 4 – Compartilhamento

- Os alunos demonstraram o funcionamento da torre em uma mostra de ciências anual aberta à comunidade.

Figura 4 – Projeto Torre Eiffel

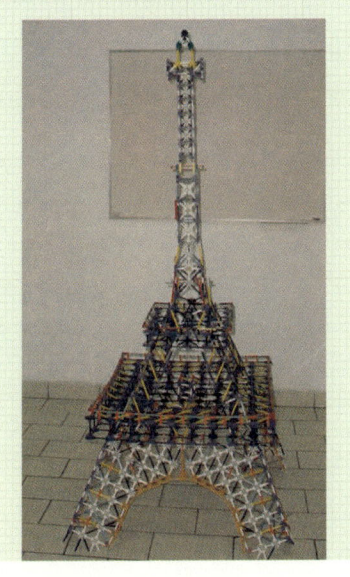

Dicas

Ao propor o desenvolvimento de projetos de robótica para mostras de ciências, é importante:

- desenvolver projetos que envolvam mais de um componente curricular;
- envolver pesquisas e processos de investigação da temática com fontes de informação diferentes (internet, bibliotecas, empresas, entre outros);
- dispor de materiais de robótica diversos, como materiais recicláveis e de baixo custo;
- relacionar o projeto com o currículo trabalhado no dia a dia escolar;
- permitir que os alunos escolham o tema do projeto, de acordo com a temática ampla selecionada pelos docentes.

Exemplo 3 – Projetos de robótica aplicada ao ensino de ciências, matemática, entre outros saberes

A robótica educacional tem sido utilizada também como ferramenta para aprender conceitos relacionados a componentes curriculares, em geral das áreas de ciências exatas, mas não restrito a elas. Por exemplo, em uma atividade/projeto da disciplina de física, o docente utiliza a robótica para ensinar o conceito de velocidade média.

Nesses casos, geralmente a robótica educacional é um meio para construir conhecimentos relacionados aos componentes curriculares, o que coloca a aprendizagem da tecnologia, ou seja, da robótica propriamente dita, em segundo plano.

Projeto

Velocidade

Tema:
Física com robótica.

Objetivo:
Criar um carro para medir a velocidade média.

Materiais utilizados:
LEGO NXT.

Conteúdos trabalhados:
Engenharia; física (velocidade); sensor de luz; linguagem de programação.

Duração:
2 horas semanais por 2 semanas.

Alunos:
Ensino médio.

Etapa 1 – Design do carro e pesquisa sobre o tema

- Os alunos fizeram pesquisas sobre velocidade, com orientação do professor, antes do início da atividade com robótica.

- Em seus grupos, os alunos fizeram o design inicial do carro a ser construído para a atividade.

Etapa 2 - Construção do carro de acordo com o design

- Os alunos fizeram o design do protótipo a ser construído, com ênfase nas principais partes da montagem.

- Durante a construção, os alunos dividiram as tarefas, entre o protótipo e a programação do carro.

Etapa 3 - Teste

- Ao finalizar o projeto, os alunos testaram o protótipo do carro, levantando os dados necessários para calcular a velocidade média.

Etapa 4 - Compartilhamento

- Os alunos compartilharam entre os grupos os resultados.

Figura 5 - Exemplo de carro construído

Dicas

Ao propor o desenvolvimento de projetos de robótica aplicada ao ensino de ciências, matemática e outros saberes, é importante:

- trabalhar os conceitos envolvidos na temática durante o desenvolvimento de toda a atividade, evitando explicar o conceito para depois usar a robótica para exemplificar;

- envolver pesquisas e processos de investigação da temática com fontes de informação diferentes (internet, bibliotecas, entre outros);

- dispor de materiais de robótica que se encaixem na disposição de tempo das atividades (aulas) e no espaço que a escola disponibiliza (laboratórios dedicados ou compartilhados);

- permitir a construção completa do protótipo sem modelos prontos.

Exemplo 4 – Projetos desenvolvidos para competições

Existem projetos de robótica educacional direcionados à participação em campeonatos, geralmente associados a alunos a partir de 10 anos. A First LEGO League (FLL), organizada pela LEGO, é a mais famosa competição, tendo etapas que acontecem em cada país participante e um posterior torneio mundial nos Estados Unidos, que reúne as melhores equipes.

Nessas competições, o objetivo é a criação de um robô que irá resolver desafios em um campo preestabelecido, com temática geralmente associada aos problemas da sociedade, como meio ambiente, energia, água, poluição, entre outros. Um fato interessante é que a comissão de juízes não avalia apenas as tarefas executadas pelos robôs em si, mas também o desenvolvimento de soluções para esses problemas.

Projeto

Competição (FLL)

Tema:
Fúria da Natureza (2013-2014).

Objetivo:
Criar e programar robôs para solucionar problemas ocasionados por desastres naturais. Entre os desafios, avalanches, deslizamentos de terra, enchentes, tsunamis e tempestades.

Materiais utilizados:
LEGO mindstorms NXT.

Conteúdos trabalhados:
Engenharia; linguagem de programação; tipos de catástrofes naturais; sensor de luz e ultrassom; engrenagens.

Duração:
3 horas semanais por 10 semanas

Alunos:
do 6º ano ao 9º ano do ensino fundamental.

Etapa 1 – Design do robô e projeto a ser apresentado aos juízes

- Os alunos receberam as informações sobre a temática da competição, bem como os desafios que o robô deveria resolver.

- Com base nas informações apresentadas, a equipe se organizou para analisar possíveis projetos que poderiam ser escolhidos pelo grupo e planejar a construção do robô.

- Após a escolha do projeto, a equipe iniciou os trabalhos para serem apresentados aos juízes.

Etapa 2 – Construção do robô com os desafios da competição e desenvolvimento do projeto a ser apresentado

- Os alunos foram construindo o robô enquanto testavam sua flexibilidade para realizar as tarefas durante a competição.

- Durante a construção, os alunos dividiram as tarefas entre o robô e o desenvolvimento do projeto, embora todos tenham participado de alguma maneira das duas etapas.

Etapa 3 – Teste

- Durante os testes, os alunos foram aperfeiçoando as partes do robô para que pudesse cumprir os desafios, bem como ajustando os detalhes do projeto a ser apresentado para a comissão de juízes do campeonato.

Etapa 4 – Compartilhamento/participação no campeonato

- Os alunos, no dia do campeonato, realizaram os desafios com o robô construído e também compartilharam seu projeto com outras equipes durante a competição.

Figura 6 – Robô para FLL

Dicas

Ao propor o desenvolvimento de projetos de robótica para competições, é importante:

- que a escola não utilize a robótica educacional apenas voltada para competições;

- possibilitar o engajamento dos alunos no desenvolvimento do projeto e da solução, não apenas na construção do robô;

- permitir que os alunos apresentem os testes para a competição também à comunidade escolar;

- organizar atividades preparatórias para a competição que privilegiem o trabalho em equipe, a autonomia do aluno e o desenvolvimento de soluções inovadoras ao projeto.

Exemplo 5 - Projetos curriculares de robótica

A inserção da robótica educacional no currículo geralmente se dá como uma disciplina, como matemática ou português, por exemplo. Em muitos casos, a robótica aparece nos currículos como educação tecnológica.

Ao incluir a robótica como disciplina, temos a possibilidade de aprofundar conceitos ligados à tecnologia, à computação, à engenharia e à própria robótica. Nesses casos, o desenvolvimento do currículo parte da perspectiva de se pensar a robótica educacional no processo do ensino e aprendizagem de conceitos diversos (ciências, matemática, português, etc.), e também de se explorar o conhecimento de sensores, computação, pneumática, engenharia, entre outros.

Projeto

Submarino

Tema:
Submarino.

Objetivo:
Criar um submarino.

Materiais utilizados:
LEGO WeDo 2.0.

Conteúdos trabalhados:
Engenharia; linguagem de programação; tecnologia dos submarinos; sensor de movimento; engrenagens.

Duração:
2 horas semanais por 2 semanas.

Alunos:
5º ano do ensino fundamental.

Etapa 1 – Design do submarino e pesquisa sobre o tema

- A partir de uma história, os alunos fizeram uma pesquisa sobre submarinos, com orientação do professor, antes do início da atividade com robótica.

- Em seus grupos, os alunos fizeram o design inicial do submarino a ser construído para a atividade.

Etapa 2 - Construção do submarino de acordo com o design

- Os alunos fizeram o design do protótipo a ser construído, com ênfase nas principais partes da montagem.

- Durante a construção, os alunos dividiram as tarefas entre o desenvolvimento do protótipo e a programação do submarino.

Etapa 3 - Teste

- Ao finalizar o projeto, os alunos testaram o protótipo do submarino.

Etapa 4 - Compartilhamento

- Os alunos compartilharam entre os grupos os resultados.

Figura 7 - Submarino construído na disciplina de robótica

Dicas

Ao propor a robótica educacional como disciplina, é importante:

- que os conteúdos trabalhados na disciplina de robótica educacional sejam interdisciplinares, integrando tanto conhecimentos de áreas como ciências, matemática, história, bem como os que são relacionados à tecnologia propriamente dita, como sensores, motores, computação, inteligência artificial, entre outros;

- que o professor trabalhe os conceitos envolvidos na temática durante o desenvolvimento de toda a atividade, evitando explicar o conceito para depois usar a robótica para exemplificar;

- trabalhar com histórias e desafios;

- envolver pesquisas e processos de investigação da temática com fontes de informação diferentes (internet, bibliotecas, entre outros);

- dispor de materiais de robótica que se encaixem na disposição de tempo das atividades (aulas) e no espaço que a escola disponibiliza (laboratórios dedicados ou compartilhados);

- permitir a construção completa do protótipo sem modelos prontos.

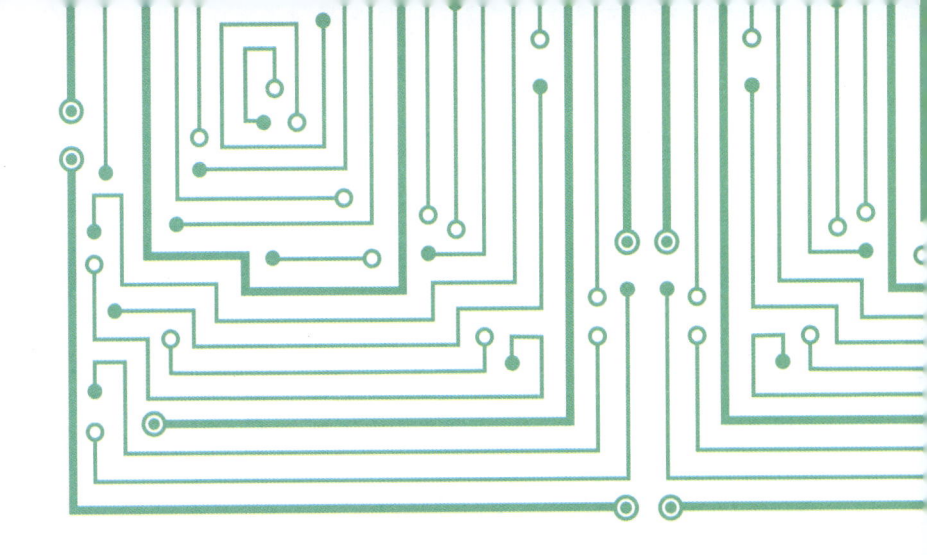

6. Robótica educacional: desafios e perspectivas

A indústria da robótica, até o momento, vislumbra os humanos usando robôs pré-programados e pré-fabricados. A forma com que os robôs são feitos e programados é uma caixa-preta para os usuários, pois a tecnologia já vem pronta, tornando-os apenas meros consumidores. Infelizmente, o mesmo raciocínio é utilizado nos ambientes de robótica educacional, em que o robô é construído ou programado antecipadamente, sendo introduzido na atividade como um fim ou uma ferramenta passiva.

Isso é verificado quando os docentes desejam focalizar na programação em suas aulas, sem deixar tempo hábil para a construção dos robôs. Por isso, os docentes preferem trabalhar com robôs pré-construídos, para que possam ganhar tempo nas atividades e para que os alunos tenham também tempo suficiente para trabalhar a programação e o controle do dispositivo criado, de uma maneira clara e objetiva.

Essa prática está fundamentada na percepção de que a construção e a programação de um robô são tarefas muito complexas para uma criança. Entretanto, essa percepção se dá muito mais pela deficiência no seu design do que pelo alcance cognitivo do aluno (BLIKSTEIN, 2013).

Não importa qual seja o desvio no caminho, a metáfora da caixa-preta é compatível com o paradigma do ensino tradicional. Muito diferentes dessa perspectiva, as metodologias ativas requerem a transição para um design transparente, que poderíamos chamar de "caixa branca", dos robôs, que permita aos usuários construir e desconstruir objetos, programar robôs e ter acesso profundo às estruturas dos artefatos criados por eles mesmos, em lugar de apenas consumir tecnologias prontas.

A metáfora da "caixa branca" para a construção e programação pode contribuir para o pensamento criativo e o engajamento dos alunos (RESNICK; BERG; EISENBERG, 2000).

Contudo, em alguns projetos, muitos alunos não conseguem progredir a partir de um certo ponto da programação ou da construção do dispositivo robótico. Portanto, o compromisso com a transparência no design de kits de robótica para o contexto educacional tem sido sugerido no meio acadêmico e industrial. O resultado é essa perspectiva da "caixa branca", que prevê que as crianças e jovens possam engajar-se em atividades construcionistas significativas, interessantes e desafiadoras, por meio do controle de dispositivos robóticos ou de seu ambiente.

O dilema entre a metáfora da "caixa branca" e da caixa-preta deveria ser respondido por educadores e docentes, de acordo com seus objetivos de aprendizagem ao introduzirem robótica em suas aulas e, mais importante, de acordo com os interesses e necessidades dos alunos.

A robótica é só um modismo?

Está claro que, apesar da robótica ter demonstrado potencial positivo no contexto educacional, ela não é um remédio para os problemas da educação. Na literatura especializada, existem estudos destacando que, em alguns casos, o uso da robótica não teve impacto na aprendizagem dos alunos (BENITTI, 2012). De qualquer forma, a capacidade da robótica de promover a aprendizagem e o desenvolvimento de habilidades precisa ser validada por meio de evidências em pesquisas. Sem essa validação, as atividades de robótica podem configurar-se como um modismo ou apenas mais uma ferramenta a serviço de velhas práticas pedagógicas. Entretanto, existe uma fissura em termos de avaliações sistemáticas e experiências de design na robótica educacional.

Na comunidade de pesquisa sobre robótica em educação, é crescente a crítica sobre a falta de investigação quantitativa de como a robótica pode melhorar o aprendizado dos alunos. Apontamos, por exemplo, a falta de um exame sistemático dos projetos de robótica, assim como de uma avaliação significativa dos seus impactos, ou que verifique se seus objetivos foram alcançados. Em alguns casos, os benefícios esperados não são claramente mensurados e definidos por não existir um sistema de indicadores e uma metodologia-padrão de avaliação para eles (ORTIZ; BUSTOS; RÍOS, 2011).

Pesquisas envolvendo a robótica na sala de aula normalmente fornecem resultados relacionados com a percepção dos estudantes ou docentes, em vez de promover o design rigoroso com base nos dados de realização dos alunos. As pesquisas precisam destacar em qual projeto de robótica ou curso os objetivos de aprendizagem foram alcançados, verificar se mais alunos demonstram interesse em ciência e tecnologia ou se desenvolvem de maneira significativa por meio da robótica as habilidades cognitivas ou sociais. Soma-se a isso a necessidade de investigarmos a influência que a robótica no contexto educacional tem sobre as futuras carreiras profissionais de alunos da educação infantil e de anos iniciais do ensino fundamental, o que requer projetos de avaliação longitudinal.

Contudo, durante uma aula de robótica, os alunos desenvolvem seus projetos ou trabalham na resolução de problemas tomando caminhos diversos e imprevisíveis, o que torna difícil para os avaliadores acompanhar o progresso dos alunos. O monitoramento de ambientes tem sido proposto para permitir ao docente acompanhar e modelar o processo de aprendizagem, fundamentado em dados providos pela avaliação da situação de aprendizagem.

Um importante aspecto a considerar sobre a robótica é a articulação entre as áreas de computação e educação. Não é possível fomentar propostas e práticas educativas concretas sem a integração da área de computação (robótica) com a educação (pedagogia e licenciaturas). Afinal, na formação do educador, não é contemplada a articulação dos saberes técnico-operacionais, bem como os saberes didático-pedagógicos relacionados aos materiais de robótica disponíveis.

Os cursos de pedagogia precisam considerar a construção de saberes voltados à robótica educacional, pois já é comum o uso desse recurso tecnológico nas escolas de educação básica, em que os docentes formados em pedagogia são os responsáveis pela turma, mesmo que a instituição tenha docentes específicos que orientem o trabalho de robótica.

Nesse sentido, é importante considerar na formação do educador (tanto nas licenciaturas, como matemática, ciências, química e computação, quanto na pedagogia) um currículo que permita articular a teoria e a prática da robótica educacional, proporcionando reflexão quanto ao currículo e aos saberes didáticos e técnicos que envolvem a utilização desse recurso em sala de aula.

Por isso, tanto o campo da computação quanto da educação precisam unir forças, com o intuito de não apenas discutir e propor ações técnico-operacionais para o uso da robótica na prática educativa, ou de refletir sobre seu impacto na escola, mas também de ampliar o escopo da integração dessa tecnologia, a fim de possibilitar estudos mais aprofundados sobre currículo, didática e tecnologia.

Com o que foi exposto, fica evidente a necessidade de repensarmos a prática e a pesquisa em robótica na educação. A robótica tem potencial de oferecer muito à educação, entretanto, os benefícios à aprendizagem não são garantidos pela simples introdução da robótica em sala de aula, já que existem vários fatores que determinam esses resultados.

Os robôs não são um recurso para melhoria da aprendizagem, pois a questão essencial não é o recurso tecnológico em si, mas, sim, o currículo. A robótica é mais que um recurso, é o currículo que irá determinar o resultado do aprendizado e a sincronia da tecnologia com as teorias de aprendizagem.

Uma proposta educacional adequada, o currículo e um ambiente de aprendizagem são alguns dos importantes elementos que podem direcionar a inovação no campo da robótica educacional. É necessário, portanto, mudar o foco da tecnologia para o desenvolvimento do currículo, que é um elemento-chave na robótica educacional, sendo imprescindível incorporar os princípios da aprendizagem e determinar métricas qualitativas e quantitativas para os resultados esperados e para a validação do currículo.

A robótica no contexto educacional deve ser um recurso para fomentar habilidades essenciais para a vida (como o desenvolvimento cognitivo e pessoal, assim como o trabalho em equipe), com as quais as pessoas possam desenvolver seu potencial para usar a imaginação, para expressarem-se e tomar decisões valiosas em suas vidas. Os benefícios da robótica são relevantes para as crianças e os jovens. A robótica deve ser usada por todos na escola, não apenas pelos que demonstram maior interesse em ciência e tecnologia.

Nesse sentido, uma perspectiva mais abrangente se faz necessária para fomentar habilidades criativas para todas as crianças e jovens, independentemente da orientação escolar ou gênero. Apresentar diferentes estratégias para introduzir os alunos às atividades de robótica e seus conceitos deve ser mandatório por parte de educadores e docentes, com o intuito de promover múltiplos caminhos de imersão ao universo da robótica, abrindo espaço às crianças e aos jovens com interesses e estilos de aprendizagem diversos (D'ABREU; MIRISOLA; RAMOS, 2011).

Para que haja validação das diferentes estratégias e metodologias pelas quais as implementações de currículos de robótica são constituídas na prática, se faz necessário um planejamento iterativo de ações, fundamentado por estudos, refinamentos e melhorias contínuas, e estruturado em um sistema de indicadores e um padrão metodológico de avaliação, proporcionando assim a verificação dos benefícios reais da robótica nos processos de ensino-aprendizagem.

Referências

ACKERMANN, E. K. **Ferramentas para um aprendizado construtivo**: repensando a interação. Massachusetts: MIT, 1993. Disponível em: http://web.media.mit.edu/~edith/publications/in%20portugese/1993.Ferramentas.pdf. Acesso em: 10 out. 2010.

ALMEIDA, M. E. B. **Educação, projetos, tecnologia e conhecimento**. 2. ed. São Paulo: PROEM, 2005.

_____. **Inclusão digital do professor**: formação e prática pedagógica. São Paulo: Articulação, 2004.

_____. **Informática e educação**: diretrizes para uma formação reflexiva de professores. 1996. Dissertação (Mestrado) – Pontifícia Universidade Católica de São Paulo (PUC-SP), São Paulo.

_____. **O computador na escola**: contextualizando a formação de professores – Praticar a teoria, refletir a prática. 2000. Tese (Doutorado) – Pontifícia Universidade Católica de São Paulo (PUC-SP), São Paulo.

ALMEIDA, M. E. B.; VALENTE, J. A. Políticas de tecnologia na educação brasileira. **CIEB Estudos**, n. 4, nov. 2016. Disponível em: http://www.cieb.net.br/wp-content/uploads/2019/01/CIEB-Estudos-4-Politicas-de-Tecnologia-na-Educacao-Brasileira-v.-22dez2016.pdf. Acesso em: 11 mar. 2019.

_____. **Tecnologias e currículo**: trajetórias convergentes ou divergentes? São Paulo: Paulus, 2011.

ALTHUSSER, L. **Aparelhos ideológicos de estado**. 10. ed. Rio de Janeiro: Graal, 2007.

ANTUNES, C. **Novas maneiras de ensinar novas formas de aprender**. Porto Alegre: Artmed, 2002.

APPLE, M. **Ideologia e currículo**. 3. ed. Porto Alegre: Artmed, 2006.

ARROYO, M. **Imagens quebradas**: trajetórias e tempos de alunos e mestres. Rio de Janeiro: Vozes, 2007.

BECKER, F. **A origem do conhecimento e a aprendizagem escolar.** Porto Alegre: Artmed, 2003.

BELLMAN, R. E. **An introduction to artificial intelligence**: can computers think? San Francisco: Boyd & Fraser Publishing Company, 1978.

BENITTI, F. B. V. Exploring the educational potential of robotics in schools: a systematic review. **Computers & Education**, v. 58, n. 3, p. 978-988, 2012.

_____ et al. Experimentação com robótica educativa no ensino médio: ambiente, atividades e resultado. In: CONGRESSO SBC, 2009, Bento Gonçalves. **Anais do Workshop de Informática na Escola**, v. 2, 2009.

BERNSTEIN, B. **A estruturação do discurso pedagógico**: classe, códigos e controle. Petrópolis: Vozes, 1996.

BERS, M. U. **Blocks to robots**: learning with technology in the early childhood classroom. Massachussets: Teachers College Press, 2007.

BLANCO, E.; SILVA, B. **Tecnologia e educação**. Porto: Porto, 2002.

BLIKSTEIN, P. Computationally enhanced toolkits for children: historical review and a framework for future design. **Foundations and Trends in Human-Computer Interaction**. Palo Alto: Now Publishers, 2015.

_____. Digital fabrication and "making" in education: the democratization of invention. In: WALTER-HERRMANN, J.; BÜCHING, C. (org.). **FabLabs**: Of Machines, Makers and Inventors. Bielefeld: Transcript Publishers, 2013.

BORGES, M. A. F. **Apropriação das tecnologias de informação e comunicação pelos gestores educacionais**. 2009. Tese (Doutorado) - Pontifícia Universidade Católica de São Paulo (PUC-SP), São Paulo.

BRACKMANN, C. P. **Desenvolvimento do pensamento computacional através de atividades desplugadas na educação básica.** 2017. Tese (Doutorado) - Universidade Federal do Rio Grande do Sul (UFRGS), Porto Alegre.

BRASIL. Ministério da Educação. **Base nacional comum curricular.** Brasília: MEC, 2017.

CABERO, J. (org.). **Tecnologías para la educación:** diseño, producción y evaluación de medios para la formación docente. Madrid: Alianza Editorial, 2004.

CAMPOS, F. R. **Currículo, tecnologias e robótica na educação básica.** 2011. Tese (Doutorado) - Pontifícia Universidade Católica de São Paulo (PUC-SP), São Paulo.

_____. **Diálogo entre Paulo Freire e Seymour Papert:** a prática educativa e as tecnologias digitais de informação e comunicação. 2009. Tese (Doutorado) - Universidade Presbiteriana Mackenzie, São Paulo.

_____. **Robótica pedagógica e inovação educacional:** uma experiência no uso de novas tecnologias na sala de aula. 2005. Dissertação (Mestrado) - Universidade Presbiteriana Mackenzie, São Paulo.

CASTELLS, M. **A galáxia da internet.** Rio de Janeiro, Jorge Zahar, 2003.

CASTORINA, J. A. et al. **Piaget-Vygotsky:** novas contribuições para o debate. São Paulo: Ática, 2005.

CHARNIAK E.; MCDERMOTT, D. **Introduction to artificial intelligence.** Boston: Addison-Wesley, 1985.

CHAUI, M. **O que é ideologia.** São Paulo: Brasiliense, 1980.

_____. Sob o signo do neoliberalismo. In:_____. **Cultura e democracia:** o discurso competente e outras falas. 11. ed. rev. São Paulo: Cortez, 2006.

CHAVES, E. O. C. **Tecnologia e educação**: o futuro da escola na sociedade da informação. Campinas: Mindware, 1998.

CHELLA, M. T. **Ambiente de robótica para aplicações educacionais com superlogo**. 2002. Dissertação (Mestrado) - Universidade Estadual de Campinas (Unicamp), 2002.

CORNBLETH, C. **Curriculum in context**. Oxford: Taylor & Francis Group, 1990.

D'ABREU, J. V. Ambiente de aprendizagem baseado no uso de dispositivos robóticos automatizados. *In*: BARANAUSKAS, M. C.; MAZZONE, J.; VALENTE, J. A. (org.). **Aprendizagem na era das tecnologias digitais**. São Paulo: Cortez, 2007.

_____. **Integração de dispositivos mecatrônicos para ensino-aprendizagem de conceitos na área de automação**. 2002. Tese (Doutorado) - Universidade Estadual de Campinas (Unicamp).

_____. Uso da automação em contexto educacional. **Revista com ciência**. 2005. Disponível em: http://www.comciencia.br/reportagens/2005/10/11.shtml. Acesso em: 22 nov. 2010.

_____. Uso do computador para controle de dispositivos. *In*: Valente, J. A. (org.). **Computadores e conhecimento**: repensando a educação. Campinas: Unicamp, 1993.

D'ABREU, J. V.; MIRISOLA, L. G. B.; RAMOS, J. J. G. Ambiente de robótica pedagógica com br_gogo e computadores de baixo custo: uma contribuição para o ensino médio. *In*: XXII SIMPÓSIO BRASILEIRO DE INFORMÁTICA NA EDUCAÇÃO E XVII WORKSHOP DE INFORMÁTICA NA ESCOLA. **Anais**... Aracajú, 2011.

DAMÁSIO, M. J. **Tecnologia e educação**: as tecnologias de informação e da comunicação e o processo educativo. Lisboa: Vega, 2007.

DANIELS, H. **Vygotsky e a pedagogia**. São Paulo: Loyola, 2003.

DRUIN, A.; HENDLER, J. **Robots for kids**: exploring new technologies for learning. San Diego: Academic Press, 2000.

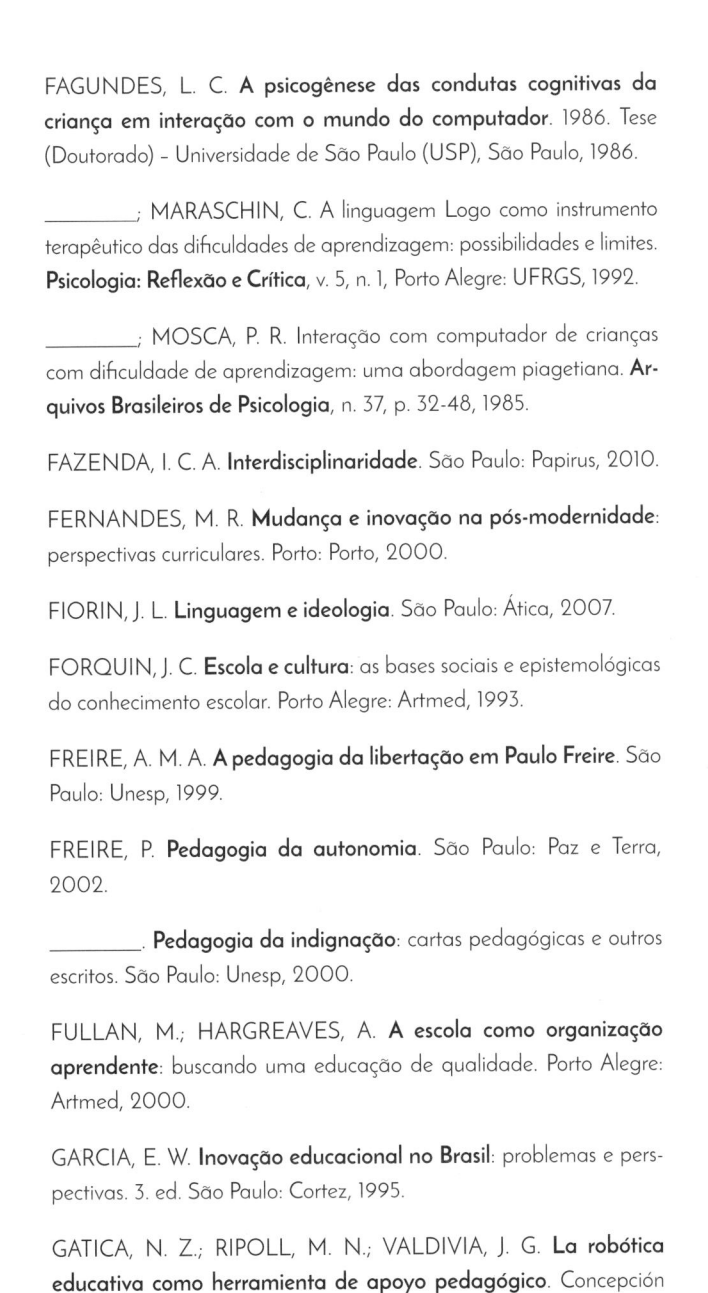

FAGUNDES, L. C. **A psicogênese das condutas cognitivas da criança em interação com o mundo do computador**. 1986. Tese (Doutorado) - Universidade de São Paulo (USP), São Paulo, 1986.

_____; MARASCHIN, C. A linguagem Logo como instrumento terapêutico das dificuldades de aprendizagem: possibilidades e limites. **Psicologia: Reflexão e Crítica**, v. 5, n. 1, Porto Alegre: UFRGS, 1992.

_____; MOSCA, P. R. Interação com computador de crianças com dificuldade de aprendizagem: uma abordagem piagetiana. **Arquivos Brasileiros de Psicologia**, n. 37, p. 32-48, 1985.

FAZENDA, I. C. A. **Interdisciplinaridade**. São Paulo: Papirus, 2010.

FERNANDES, M. R. **Mudança e inovação na pós-modernidade**: perspectivas curriculares. Porto: Porto, 2000.

FIORIN, J. L. **Linguagem e ideologia**. São Paulo: Ática, 2007.

FORQUIN, J. C. **Escola e cultura**: as bases sociais e epistemológicas do conhecimento escolar. Porto Alegre: Artmed, 1993.

FREIRE, A. M. A. **A pedagogia da libertação em Paulo Freire**. São Paulo: Unesp, 1999.

FREIRE, P. **Pedagogia da autonomia**. São Paulo: Paz e Terra, 2002.

_____. **Pedagogia da indignação**: cartas pedagógicas e outros escritos. São Paulo: Unesp, 2000.

FULLAN, M.; HARGREAVES, A. **A escola como organização aprendente**: buscando uma educação de qualidade. Porto Alegre: Artmed, 2000.

GARCIA, E. W. **Inovação educacional no Brasil**: problemas e perspectivas. 3. ed. São Paulo: Cortez, 1995.

GATICA, N. Z.; RIPOLL, M. N.; VALDIVIA, J. G. **La robótica educativa como herramienta de apoyo pedagógico**. Concepción (Chile): Universidad de Concepción, 2007.

GOLDBERG, M. A. A. Inovação educacional: a saga de uma definição. In: GARCIA, E. Walter (coord.) **Inovação educacional no Brasil**: problemas e perspectivas. 3. ed. São Paulo: Cortez, 1995.

HAUGELAND, J. (org.) **Artificial intelligence**: the very idea. Cambridge: MIT Press, 1985.

KAFAI, Y.; RESNICK, M. **Constructionism in practice**: designing, thinking and learning in a digital world. New Jersey: Lawrence Erlbaum Associates, 1996.

KENNISNET. **About Us**. 2016. Disponível em: https://www.kennisnet.nl/about-us/. Acesso em: 12 ago. 2016.

_____. **Four in balance monitor 2015**. Zoetermeer: Kennisnet, 2015. Disponível em: https://www.kennisnet.nl/fileadmin/kennisnet/corporate/algemeen/Four_in_balance_monitor_2015.pdf. Acesso em: 12 ago. 2016.

KONZEN, I. M. G.; CRUZ, M. E. J. K. Kit de robótica educativa: desenvolvimento e aplicação metodológica. *In*: SEMINÁRIO DE INFORMÁTICA, 2007, Torres. **Anais do Seminário de Informática**. v. 1, 2007. Torres: Universidade Luterana do Brasil (ULBRA), 2007.

KURZWEIL, R. **The age of intelligent machines**. Cambridge: MIT Press, 1990.

KYNIGOS, C. Black-and-white-box perspectives to distributed control and constructionism in learning with robotics. *In*: SIMPAR. 2008, Proceeding..., Venice, p. 1-9.

LIBÂNEO, J. C. **Organização e gestão da escola**: teoria e prática. Goiânia: Alternativa, 2004.

_____. Produção de saberes na escola: suspeitas e apostas. *In*: CANDAU, V. M. (Org). **Didática, currículo e saberes escolares**. 2. ed. Rio de Janeiro: DP&A, 2002.

LITWIN, E. **Tecnologia educacional**: política, histórias e propostas. Porto Alegre: Artes Médicas, 1997.

LIMA JUNIOR, A. S. **Tecnologias inteligentes e educação**: currículo hipertextual. Rio de Janeiro: Quartet, Fundesf, 2005.

MANTOAN, M. T. E. **O processo de conhecimento**: tipos de abstração e tomada de consciência. Memo n. 27. Campinas: Nied-Unicamp, 1994.

MARTINS, A. **O que é robótica**. São Paulo: Brasiliense, 1993.

MIGLINO O.; LUND, H. H.; CARDACI, M. Robotics as an educational tool. **Journal of Interactive Learning Research**, v. 10, n. 1, p. 25-47, 1999.

MORAN, J. M. **Novas tecnologias e mediação pedagógica**. Campinas: Papirus, 2000.

MOREIRA, A. F. B. **Currículos e programas no Brasil**. Campinas: Papirus, 2006.

MOREIRA, M. A. **La educación en el laberinto tecnológico**: de la escritura a las máquinas digitales. Barcelona: Octaedro, 2005.

_____. **Los medios y las tecnologías en la educación**. Madrid: Ediciones Pirámide, 2004.

NILSSON, N. J. **Artificial intelligence**: a new synthesis. Burlington: Morgan Kaufmann, 1998.

OLIVEIRA, C. C.; COSTA, J. W.; MOREIRA, M. **Ambientes informatizados de aprendizagem**. Campinas: Papirus, 2001.

ORTIZ, J.; BUSTOS, R.; RÍOS, A. System of indicators and methodology of evaluation for the robotics in classroom. **Proceedings of the 2nd International Conference on Robotics in Education** (RiE 2011), p. 63-70. Vienna: Austrian Society for Innovative Computer Sciences, 2011. Disponível em: http://www.innoc.at/fileadmin/user_upload/_temp_/RiE/Proceedings/37.pdf. Acesso em: 2 mar. 2018.

PACHECO, J. A. **Estudos curriculares**: para a compreensão crítica da educação. Portugal: Porto, 2005.

PAPANIKOLAOU, K.; FRANGOU, S.; ALIMISIS, D. Teachers as designers of robotics-enhanced projects: the TERECoP course in Greece. *In:* SIMPAR, Venice, p. 100-101, nov. 2008.

PAPERT, S. A computer laboratory for elementary schools. **Logo Memo**, n. 1. Massachusetts: MIT, 1971a.

_____. A critique of technocentrism in thinking about the school of the future. **Memo**, n. 2, MIT, Massachusetts, 1990.

_____. **A máquina das crianças**: repensando a escola na era da informática. Porto Alegre: Artmed, 2008.

_____. **An evaluative study of modern technology in education**. Massachusetts: MIT, 1976.

_____. **Constructionism**. New Jersey: Norwood, 1991.

_____. **Looking at technology through school-colored spectacles**. Massachusetts: MIT, 1997.

_____. **Mindstorms**: children, computers and powerful ideas. 2. ed. New York: Basic Books, 1993.

_____. Teaching children thinking. **Logo Memo**, n. 2, 1971b. Disponível em: https://archive.org/stream/bitsavers_mitaiaimAI_471587/AIM-247_djvu.txt. Acesso em: 10 ago. 2016.

_____. **The connected family**: bridging the digital generation gap. Atlanta GA: Longstreet Press, 1996.

_____; FREIRE, P. **O futuro da escola**: diálogo gravado e documentado entre Paulo Freire e Seymour Papert. São Paulo: TV PUC-SP, 1995.

_____; SOLOMON, C. Twenty things to do with a computer. **Logo Memo**, n. 3. Massachusetts: MIT, 1971.

PARASKEVA, J. M.; OLIVEIRA, L. R. (org.). **Currículo e tecnologia educativa**, v. 1. Portugal: Edições Pedago, 2006.

PEREIRA, D. C. **Nova educação na nova ciência para a nova sociedade**: fundamentos de uma pedagogia cientifica contemporânea. Porto: Universidade do Porto, 2007.

PIAGET, J. **Abstração reflexionante**: relações lógico-aritméticas e ordem das relações espaciais. Porto Alegre: Artmed, 1995.

_____. **Fazer e compreender**. São Paulo: Melhoramentos, 1978.

_____. **O nascimento da inteligência na criança**. Rio de Janeiro: Guanabara, 1987.

_____. **Sobre a pedagogia**. São Paulo: Casa do psicólogo, 1998.

POOLE, D.; MACKWORTH, A. K.; GOEBEL, R. **Computational intelligence**: a logical approach. Oxford: Oxford University Press, 1998.

POZO, J. I. **Aprendizes e mestres**: a nova cultura da aprendizagem. Porto Alegre: Artmed, 2002.

_____. **Teorias cognitivas da aprendizagem**. Porto Alegre: Artmed, 2001.

RESNICK, M. Behavior construction kits. **Communications of the ACM**, v. 36, n. 7, p. 64-71, jul. 1993.

_____. Computer as paintbrush: technology, play, and the creative society. In: SINGER, D.; GOLIKOFF, R.; HIRSH-PASEK, K. (org.). **Play = learning**: how play motivates and enhances children's cognitive and social-emotional growth. Oxford University Press, 2006.

_____. Distributed constructionism. In: INTERNATIONAL CONFERENCE ON THE LEARNING SCIENCES, 1996, Northwestern. **Proceedings...**, jul. 1996..

_____. Sowing the seeds for a more creative society. **Learning and Leading with Technology**. v. 35, n. 4, p. 18-22, dez. 2007.

_____. Technologies for lifelong kindergarten. **Educational Technology Research and Development**, v. 46, n. 4, 1998.

RESNICK, M.; BERG, R.; EISENBERG, M. Beyond black boxes: bringing transparency and aesthetics back to scientific investigation. **Journal of the Learning Sciences**, v. 9, n. 1, p. 7-30, 2000.

_____; SILVERMAN, B. **Some reflections on designing construction kits for kids**. Boston: Paper, MIT, 2005.

RICH, E.; KNIGHT, K. **Artificial intelligence**. 2. ed. New York: McGraw-Hill, 1991.

RODRIGUES, M. C. **A tecnologia no ensino**: implicações para a aprendizagem. São Paulo: Casa do Psicólogo, 2002.

ROLDÃO, M. C.; MARQUES R. **Inovação, currículo e formação**. Portugal: Porto, 2000.

RUSSELL, S.; NORVIG, P. **Inteligência artificial**. Rio de Janeiro: Campus, 2013.

SACRISTÁN, J. G. **O currículo**: uma reflexão sobre a prática. 3. ed. Porto Alegre: Artmed, 2000.

_____. **Poderes instáveis em educação**. Porto Alegre: Artmed, 1999.

_____. **Saberes e incertezas sobre o currículo**. Porto Alegre: Penso, 2013.

_____.; GOMEZ, A. I. Perez. **Compreender e transformar o ensino**. 4. ed. Porto Alegre: Artmed, 1998.

SANCHO, J. M. (org.) **Para uma tecnologia educacional**. Porto Alegre: Artmed, 1998.

SANTANA, M. R. P. **Em busca de novas possibilidades pedagógicas**: a introdução da robótica no currículo escolar. 2003. Dissertação (Mestrado) – Faculdade de Educação, Universidade Federal da Bahia, Bahia.

SANTOMÉ, J. T. **A educação em tempos de neoliberalismo**. Porto Alegre: Artmed, 2003.

SARMENTO, M. J. **Profissionalidade**. Portugal: Porto, 1998.

SAVIANI, D. et al. **O legado educacional do século XX no Brasil**. 2. ed. Campinas: Autores Associados, 2006.

SEVERINO, A. J. **Educação, sujeito e história**. São Paulo: Olho D'Água, 2002.

SOLOMON, C. **Computer environments for children**: a reflection on theories of learning and education. Massachusets: MIT Press, 1988.

TARDIFF, M. Os professores enquanto sujeitos do conhecimento: subjetividade, prática, e saberes no magistério. *In*: CANDAU, V. M. (org.). **Didática, currículo e saberes escolares**. 2. ed. Rio de Janeiro: DP&A, 2002.

THURLER, M. G. **Inovar no interior da escola**. Porto Alegre: Artmed, 2001.

TURKLE, S.; PAPERT, S. Epistemological pluralism: styles and voices within the computer culture. **Signs: Journal of Women in Culture and Society**, v. 16, n. 1, p. 128-157, 1990.

VALENTE, J. A. A espiral da aprendizagem e as tecnologias de informação e comunicação: repensando conceitos. *In*: JOLY, M. C. R. A. (org.). **A tecnologia no ensino**: implicações para a aprendizagem. São Paulo: Casa do Psicólogo, 2002.

_____. **Computadores e conhecimento**: repensando a educação. Campinas: Unicamp/Nied, 1993.

_____. Integração do pensamento computacional no currículo da educação básica: diferentes estratégias usadas e questões de formação de professores e avaliação do aluno. **Revista e-curriculum**. São Paulo, v. 14, n. 3, p. 864-897, jul./set. 2016. Disponível em: https://revistas.pucsp.br/index.php/curriculum/article/viewFile/29051/20655. Acesso em: 3 mar. 2018.

_____. **O computador na sociedade do conhecimento**. Campinas: Unicamp/Nied, 1999.

_____. O papel do professor no ambiente Logo. *In*: **O professor no ambiente Logo**: formação e atuação. Campinas: Unicamp/Nied, 1996.

_____. et al. Alan Turing tinha pensamento computacional? Reflexões sobre um campo em construção. **Tecnologias Sociedade e Conhecimento**, Campinas, v. 4, n. 1, dez. 2017. Disponível em: http://pan.nied.unicamp.br/ojs/index.php/tsc/article/view/185/191. Acesso em: 3 mar. 2018.

VYGOTSKY, L. **A construção do pensamento e da linguagem**. São Paulo: Martins Fontes, 2001.

WING, J. M. Computational thinking. **Communications of the ACM**, v. 49, n. 3, p. 33-35, 2006.

WINSTON, P. H. **Artificial intelligence**. Boston: Addison-Wesley, 1992.

Índice geral

A robótica é só um modismo?, 191

Conjuntos de robótica educacional, 56

Construcionismo, 82

Construcionismo distribuído, 110

Construcionismo no Brasil, 97

Construcionismo social, 105

Construtivismo, 67

Currículo: conceito e perspectivas, 117

Currículo para robótica educacional: saberes pedagógicos e cultura escolar, 117

Desenho de currículo para robótica educacional, 140

Integração de tecnologias ao currículo, 131

Inteligência artificial, 16

Introdução, 9

Letramento em inteligência artificial, 20

Nota do editor, 7

O professor e a sala de aula com robótica educacional: design de engenharia, práticas e projetos, 151

O que é robótica?, 13

Papert, Piaget e suas aproximações, 94

Pensamento computacional aplicado à robótica educacional, 61

Práticas e projetos: exemplos de atividades com robótica educacional, 168

Programas em contraturno, 168

Projetos curriculares de robótica, 184

Projetos de robótica aplicada ao ensino de ciências, matemática, entre outros saberes, 176

Projetos desenvolvidos para competições, 180

Projetos em feiras e mostras de ciências, 172

Robótica educacional: desafios e perspectivas, 189

Robótica educacional: história e fundamentos, 27

Seymour Papert (1928-2016) e os primeiros passos da robótica na educação: a linguagem Logo, 33

Sistema LEGO-Logo, 45

Teorias de aprendizagem no contexto da robótica educacional, 67

Vygotsky e o sociointeracionismo, 76